FASHION Illustration

크리에이티브 패션 일러스트레이션

저자 김혜수

KB126682

꿈틀

　패션디자인의 다양한 영역에 있어서 패션 일러스트레이션은 패션사진과는 다른 독특한 기능을 가진다. 이는 단지 패션사진이 표현하는 재현성이 아닌 독자의 흥미를 유발하고 한 단계 승화된 패션 이미지의 전달이라는 중요한 기능을 의미한다. 따라서 패션 일러스트레이터는 옷에 담긴 이야기를 전달하는 사람이라 할 것이다. 이에 본 교재는 패션 디자인 전공자가 패션 일러스트레이션의 기본을 스스로 익혀, 자신만의 개성있는 패션 일러스트레이션 스타일을 만드는 데 도움을 주고자 기획된 책이다.

　1장에서는 패션일러스트레이션의 역사를, 2장에서는 패션 일러스트레이션을 표현하는 대상이 되는 인체의 기본 골격과 구조를 이해하고, 이상적인 패션 인체의 비례를 표현할 수 있는 여성의 인체, 남성의 인체, 연령별 아동의 인체의 차이를 익히고 9등신의 패션 인체를 순서에 따라 그릴 수 있도록 하였다. 3장에서는 인체의 부분이 되는 얼굴, 손과 팔, 발과 다리 등의 디테일을 그리는 방법을 제시하였다. 4장에서는 다양한 포즈의 응용을 익히고, 그에 따른 패션 인체를 그리는 과정으로 구성하였다. 5장에서는 다양한 패션이미지를 효과적으로 표현하는 패션 일러스트레이션을 제시하였다. 6장에서는 패션 인체 위에 의복을 착장하는 기본적인 원리와 방법을 배우고 인체의 다양한 움직임에 따른 의복의 형태와 디테일을 어떻게 그리는가를 과정을 통해 설명하면서 마지막으로 의복으로 표현되는 다양한 패션소재를 효과적으로 컬러링할 수 있는 방법을 마커와 색연필 등을 사용하여 제시하여 패션전공자들이 실제 패션디자인을 표현하고자 할 때 쉽게 응용할 수 있게 하였다.

　제시된 각 패션 일러스트레이션은 인체의 덩어리를 표현하는 드로잉에서 출발하여 디자인의 형태와 소재의 특성에 맞도록 의복을 착장하고 소재의 중요한 재질감과 디테일을 컬러링해보는 일련의 과정으로 구성되었다. 이를 통해 패션에 관심이 있는 학생이나 일반인들이 한 단계씩 자연스럽게 패션 일러스트레이션을 그려가는 즐거움을 느끼면서 쉽게 보고 배울 수 있으리라 기대해 본다.

FASHION ①

패션 일러스트레이션이란

패션 일러스트레이션은 패션 이미지를 시각화하여 패션 정보를 대중과 커뮤니케이션하는 장르로 일러스트레이션과는 다른 뿌리를 내리면서 발전하고 있다. 오늘날 대중들은 패션에 매우 민감하여 항상 새롭고 신선한 감각을 요구하고 있기 때문에 패션 일러스트레이션의 주제인 패션은 그림의 양식과 표현에서 시각적으로 대중에게 호소력이 있어야 한다. 또한 패션 일러스트레이션은 시대의 변화에 따른 유행이나 패션 이미지 그리고 대중의 요구에 부응한 시대성을 반영하며 새로움을 추구해야 하고 표현하고자 하는 패션의 이미지는 작가의 개성이 더해져 한 단계 발전된 예술성으로까지 이어져야만 비로소 좋은 패션 일러스트레이션을 완성했다고 할 수 있다.

체사레 베첼리오(Cesare Vecellio) (1590)

조르주 르파페(Georges Lepape) (1912)

패션 일러스트레이션의 역사는 16세기경부터 시작되었다. 초기의 패션 일러스트레이션은 판화기법으로 다양한 복식 스타일을 표현하였고 17세기 중엽 이후부터야 비로소 인쇄물로 보급되기 시작하였다. 루이14세의 통치이후 프랑스가 패션의 중심에 오르면서 프랑스의 패션은 패션 일러스트레이션으로 표현된 간행물로 유럽 각지로 전파되었다. 19세기 말에는 대도시 백화점을 중심으로 기성복과 반기성복이 활발하게 유통되었는데 당시의 패션 일러스트레이션은 세세한 부분까지 매우 디테일하게 그려져 있어 전문 재단사는 물론 직접 옷을 만들어 있는 사람들까지도 최신 유행을 정확하게 재현할 수 있도록 하였는데 이때부터 손으로 직접 색을 그리는 판화 플레이트 대신에 컬러 인쇄가 사용되기 시작하였다. 그러다가 19세기 초 사진이 발명되고 20세기 초 사진이 잡지에 많이 등장하면서 제2차 세계대전경부터 패션 일러스트레이션은 쇠락하기 시작하였다.

1912년에서 1925년까지 프랑스에서 출간된 패션 잡지 〈Gazette du Bon Ton〉는 패션 일러스트레이션에 투자를 아끼지 않았던 영향력있는 패션 잡지의 하나로 조르주 바비에(Georges Barbier), 에르떼(Erté), 폴 이리브(Paul Iribe), 조르주 르파페(Georges Lepape), 피에르 브리사드(Pierre Brissaud), 피에르 무르그(Pierre Mourgue) 등 수많은 패션 일러스트레이터의 작품을 실었다.

1920년대에서 30년대는 패션 일러스트레이션의 황금기로 많은 패션 일러스트레이터의 작품이 〈VOGUE〉지에 실렸다. 이 당시 아티스트는 눈에 띄는 드로잉이나 장식적 표현에 관심을 많이 가졌기에 자세한 패션정보를 독자에게 전달해야 한다는 생각을 갖고 있었던 편집장과 갈등을 빚기도 하였다. 칼 에릭슨(Carl Erickson), 르네 부에-윌로메(René Bouët-Willaumez) 등이 왕성한 활동을 보였으나 1932년 최초로 사진이 패션 잡지의 표지에 등장하면서 패션 일러스트레이션은 내지로 밀렸다.

에르떼(Erté) (1914)

1960년대에 들어서면서 패션 잡지에서 패션 일러스트레이션의 비중은 점점 약화되었는데, 당시 비교적 활발한 활동을 보인 패션 일러스트레이터로는 디올의 향수 광고 작품을 제작한 르네 그루오(Rene Gruau)가 있다. 1960년대에서 70년대에는 〈L'Official de la mode et du couture〉, 〈International Textiles〉, 〈Sir〉, 〈Woman's Wear Daily〉 등의 패션잡지에 르네 그루오(Rene Gruau), 토드 드라즈(Tod Draz), 콘스탄체 비바우트(Constance Wibaut) 등이

르네 그루오 (Rene Gruau) (1946)

당시의 트랜드를 담은 최고의 걸작을 남겼다. 20세기 후반 부 침체기를 겪던 패션 일러스트레이션의 영역에서 1980년대 초반까지 〈VOGUE〉지와 정기적으로 작업을 했던 유일한 패션 일러스트레이터는 안토니오 로페즈(Antonio Lopez)였다.

1980년대에 들어서자 패션 일러스트레이션은 광고 캠페인의 힘으로 다시 부흥기를 맞았다. 신예 아티스트들이 대거 등장하였고 컴퓨터를 이용한 패션 일러스트레이션도 활성화되었다. 손으로 그린 전통적인 패션 일러스트레이션도 지속적으로 변화를 겪으며 시대의

빌 도노반(Bil Donovan) (1985)

안토니오 로페즈(Antonio Lopez)

토니 비라몬테 (Tony Viramontes)

변화를 수용하면서 오늘날까지도 존재하고 있다. 20세기에 들어오면서 물질적 생활의 풍요로움은 패션 디자인의 보급을 증폭시켰고, 매스 커뮤니케이션의 급성장과 고도의 인쇄물 발달로 패션 일러스트레이션은 빠른 성장을 보였다. 특히 정보 전달의 중요한 구성 요소로서의 패션 일러스트레이션은 현대 패션의 흐름과 사회의 산업적, 문화적 기능 속에서 그 역할이 점차 강조되어 하나의 독자적인 예술의 개념으로 정립되고 있다.

패션 일러스트레이션은 먼저 전달하고자 하는 의미를 최대한 간결하게 표현하여 주목성을 높여야 하며, 다음으로 작가의 강한 개성을 선과 색 그리고 형태를 표현하여 예술적 표현성을 높여야 한다. 패션 일러스트레이션은 넓은 의미에서 복식의 단순한 도해에서부터 패션 이미지를 나타낸 고도의 예술적 표현에 이르기까지 복식 전달을 위한 일체의 그림이라 할 수 있겠으나 좁은 의미로는 패션 이미지를 강조한 일러스트레이션이라 할 수 있다.

이렇게 패션 일러스트레이션은 크게 의사 전달을 위한 실용적 영역과 이미지를 강조한 예술적 영역으로 나눌 수 있는데, 실용 영역을 다른 말로 '디자인화'라 할 수 있고, 작품성을 강조하는 예술 영역은 '이미지화'라는 말로 정의 할 수 있다. 여기서 실용적인 목적의 그림이 예술 영역의 그림보다 반드시 하위의 위치에 머물러 있다고 규정할 수는 없으며, 예술적인 영역의 그림도 때로는 실용적 목적으로 사용될 수 있다. 즉, 실용 영역과 예술 영역의 패션 일러스트레이션은 서로 상호관련성을 유지하고 있다.

'디자인화'는 디자이너가 구상한 복식 디자인을 구체적으로 표현하는 그림으로 디자이너의 의도가 정확하게 제시되어야 하는데 이를 위해서는 의복의 구조와 인체의 관계에 대해 능숙한 묘사력을 기본 전제로 해야 한다. '이미지화'는 디자인화보다는 패션 일러스트레이터의 감각과 개성이 요구되며 의복에 대한 자세하고 정확한 표현보다는 표현하고자 하는 디자인에 대한 작가의 독창적인 이해와 이를 풀어내는 자유로운 표현이 중요하다.

데게스 플로언스 (Deygas Floence)(2001)

이때 무엇보다 중요한 것은 패션 일러스트레이션의 표현 주체가 되는 인체와 복식에 대한 이해이다. 패션 일러스트레이션은 그림의 형태로 패션을 전하는 것이므로 사물을 정확히 관찰하여 묘사하는 것이 매우 중요하다. 그러나 우리들은 간혹 묘사의 중요성을 간과하기도 한다. 그러나 부정확한 형태와 표현력의 부재는 자신이 원하는 방향과는 다른 결과를 얻을 수도 있다. 따라서 함축된 의미와 상징을 만들어내기 위해서는 투철한 작가 정신으로 정확한 관찰과 정확한 묘사력을 키우기 위한 연습을 아껴서는 안 된다.

패션에 있어서 패션 일러스트레이션은 패션 사진과는 다른 독특한 기능을 가진다. 이는 단지 사진이 표현하는 재현성이 아닌 독자의 흥미를 유발하고 한 단계 승된 이미지를 전달하는 것이다. 패션 일러스트레이터는 옷에 담긴 이야기를 전달하는 사람인 것이다.

본 교재는 인체의 구조에 대한 이해를 바탕으로 패션 인체 드로잉의 기초를 확립하고자 하는데 기본 목적을 두었다. 다음으로 각 개인의 개성에 따라 기본이 되는 인체를 이해하고 이를 토대로 독창적 패션 인체로 표현할 수 있으며, 인체 위에 의복의 구조를 정확히 표현하고 의복 소재의 특성을 자유롭게 표현하는 능력을 키우고자 구성되었다.

FASHION ②

인체의 비례(Proportion)

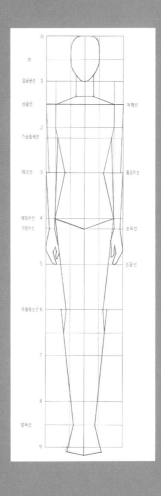

- 인체의 비례는 머리의 길이에 대한 신장의 비율로 과거로부터 이상적인 인간은 8등신으로 받아들여졌다.
- 패션 일러스트레이션은 그 시대 패션의 변화에 따라 민감하게 변화하여 인체의 비례도 패션의 흐름과 같이 한다. 일반적으로 패션 일러스트레이션에서는 8등신 이상의 비례로 인물을 그린다.
- 본 교재에서는 9등신의 인체 비례로 인체의 균형감을 표현하였다.

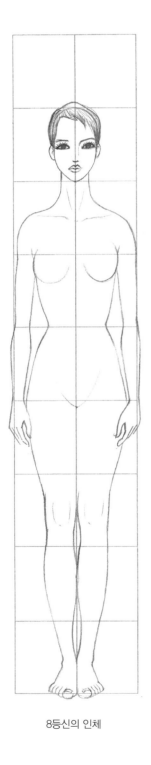

8등신의 인체   9등신의 인체

2.1 **인체의 골격과 근육**

- 인체는 대략 200여 개의 뼈로 구성되어 있고, 이 골격은 우리 몸을 지탱하는 역할을 한다.
- 근육은 수축과 이완을 할 수 있는 성질을 가지며 우리 몸이 움직이는 역할을 한다.
- 다리의 경우 대퇴부(허벅지)는 중심선의 앞쪽으로 하퇴부(종아리)는 중심선의 뒤쪽으로 더 치우쳐 있다.

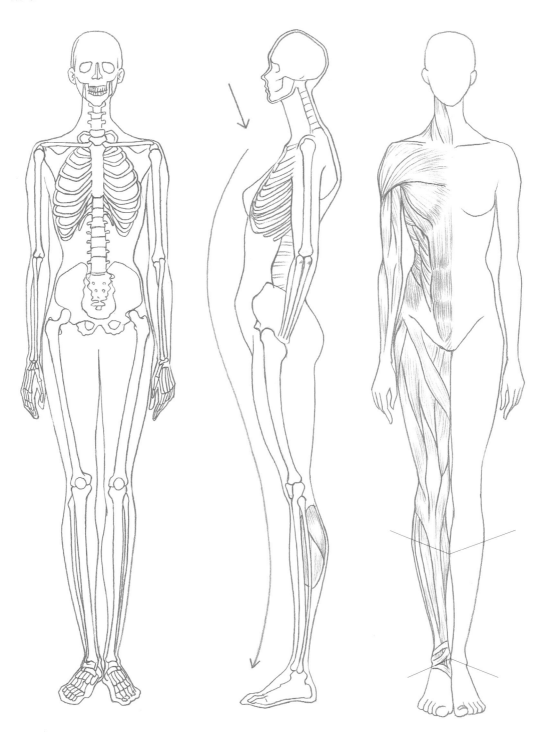

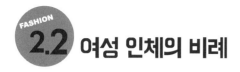

2.2 여성 인체의 비례

- B4 사이즈 종이나 8절의 경우 머리의 길이(1등분선)는 약 3.8cm, 전체 기준선은 가로 폭 6.8cm, 세로 길이 34.2cm면 적당하다.
- 얼굴의 폭 : 얼굴의 길이는 약 1:1.5 의 비율이다.
- 쇄골이 통과하는 어깨선은 1.5등분선이다.
- 허리선과 팔꿈치선은 3등분선이다.
- 대퇴부선(엉덩이둘레선)은 4등분선이다.
- 가랑이선(치골선)과 손목선은 4.2등분선
- 손끝선은 5등분선이다.
- 무릎중심선은 6등분선이다.
- 발목선은 8.5등분선이다.

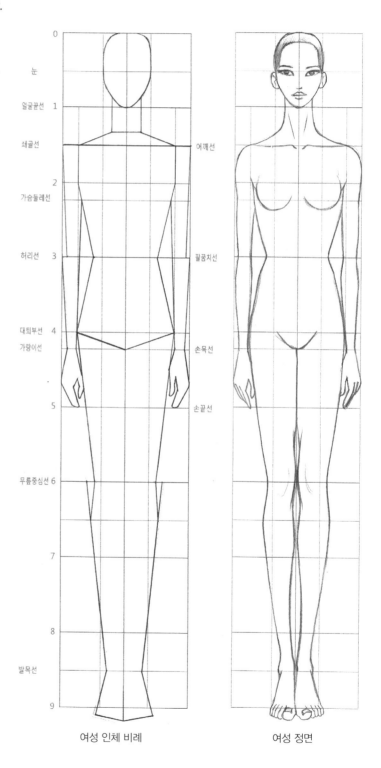

여성 인체 비례   여성 정면

- 측면의 경우 유연한 인체일수록 몸통이 앞으로 쏠려 있어 S자의 곡선이 더 잘 드러난다.
- 팔은 자연스럽게 내린 자세에서 앞으로 약간 구부러진다.
- 다리는 대퇴부의 근육은 앞으로 종아리의 근육은 뒤쪽으로 쏠려있다.

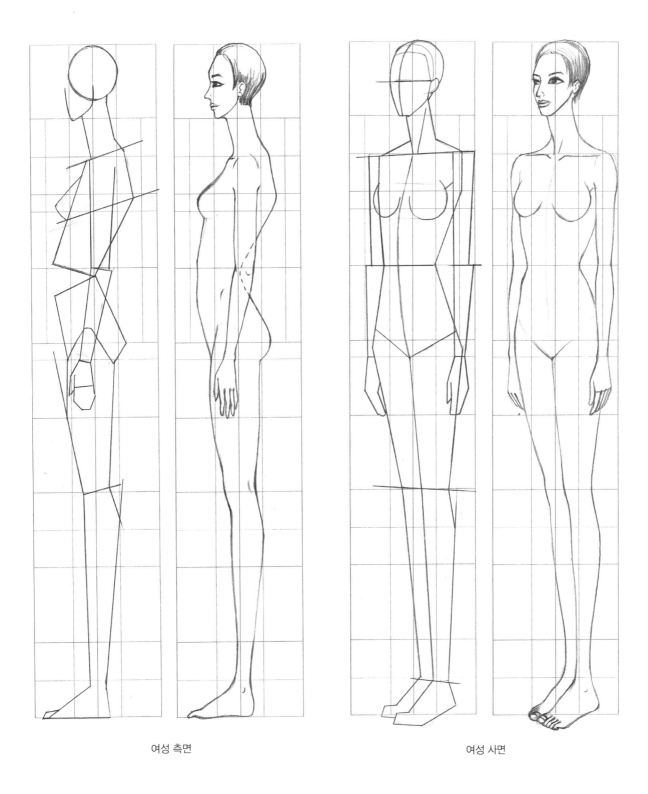

여성 측면   여성 사면

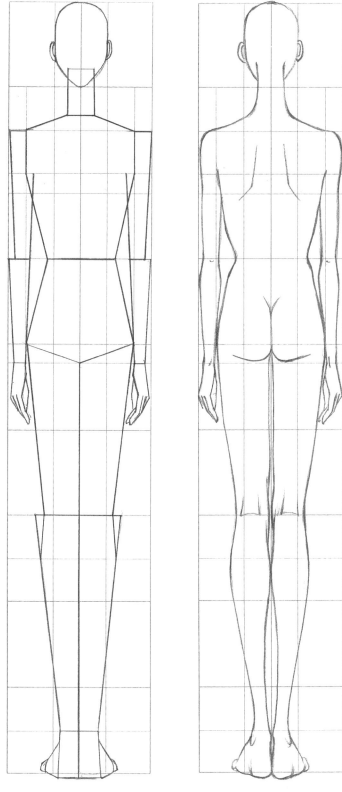

여성 후면

2.3 남성 인체의 비례

- B4 사이즈 종이나 8절의 경우 머리의 길이(1등분선)는 약 3.8cm, 전체 기준선은 가로 폭 7.6cm, 세로 길이 34.2cm 면 적당하다.
- 남성의 인체 비례는 여성에 비해 어깨의 폭을 넓게 잡는 것 외에 나머지 가로 기준선은 여성과 동일하다.
- 머리의 길이 : 머리의 폭은 약 3:2 의 비율이다.
- 쇄골이 통과하는 어깨선은 1.5등분선이다.
- 허리선과 팔꿈치선은 3등분선이다.
- 대퇴부선(엉덩이둘레선)은 4등분선이다.
- 가랑이선(치골선)과 손목선은 4.2등분선이다.
- 손끝선은 5등분선이다.
- 무릎중심선은 6등분선이다.
- 발목선은 8.5등분선이다.

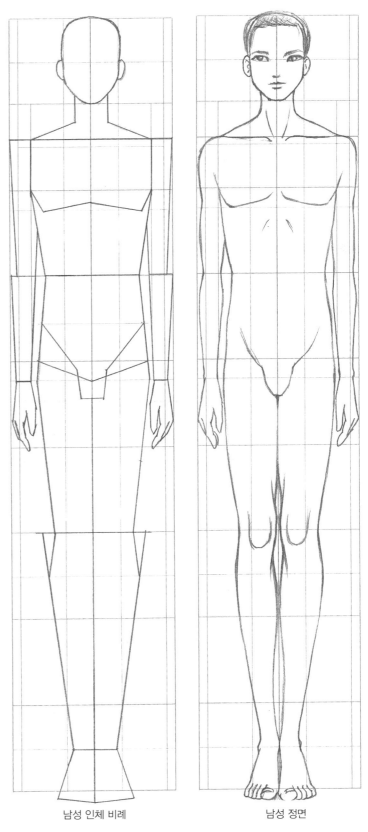

남성 인체 비례   남성 정면

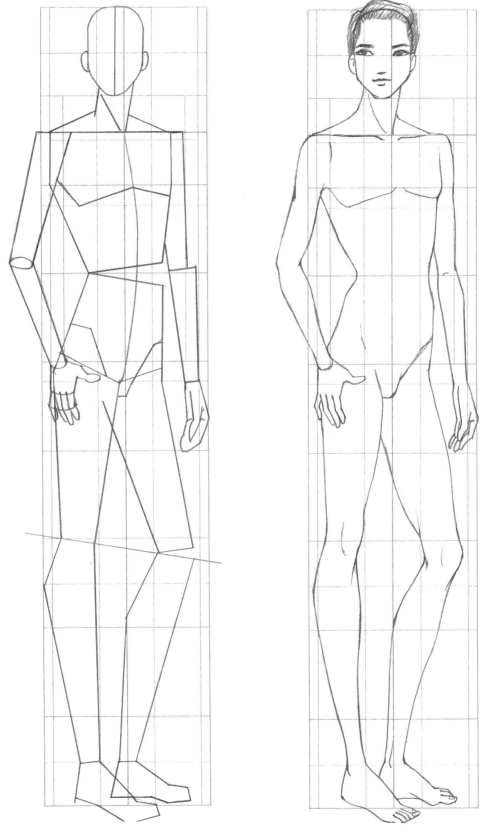

남성 사면

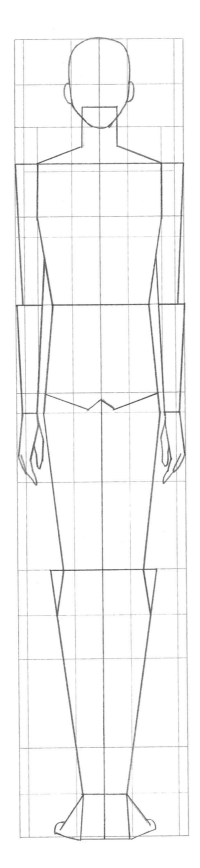
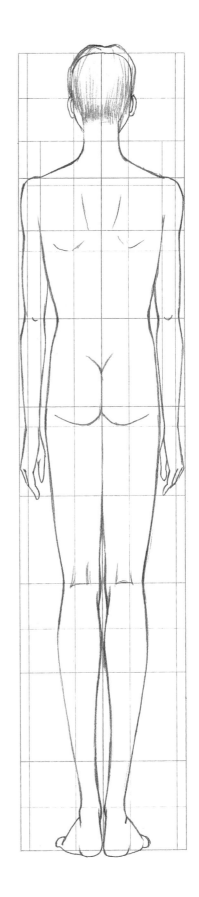

남성 후면

FASHION 2.4 아동 인체의 비례

- 성인의 머리가 키의 약 1/7에서 1/8 정도 인 것에 반하여 걸음을 막 걷기 시작한 유아의 머리는 키의 약 1/4, 다리 길이는 머리 길이의 1과 1/2이다.
- 아이는 몸통의 길이보다 다리의 길이가 두 배 정도 빠르게 자란다.
- 아동의 인체는 통통한 볼, 짧은 목, 좁은 어깨, 작은 손발 등 귀여운 이미지를 강조하여 그려준다.

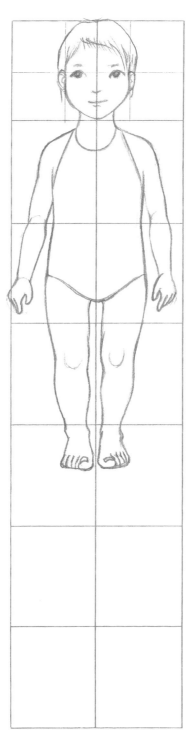

2~3세 아동의 인체 비례
- 약 4등신을 조금 넘긴 인체비례로 다리보다는 머리와 몸통이 크고 특히 머리는 몸에 비해 커 보인다.
- 걸을 수는 있으나 균형감보다는 어색함이 특징이다.

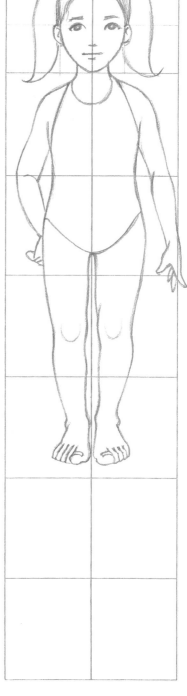

3세 아동의 인체 비례
- 약 5등신이 된다. 아기 때의 모습처럼 약간 배가 나와 있고 어깨는 좁고 다소 쳐져있다.
- 손발이 작고 목은 짧으며 통통한 뺨과 귀여운 이미지를 표현해준다.

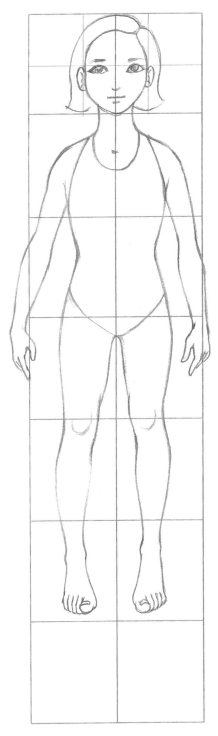

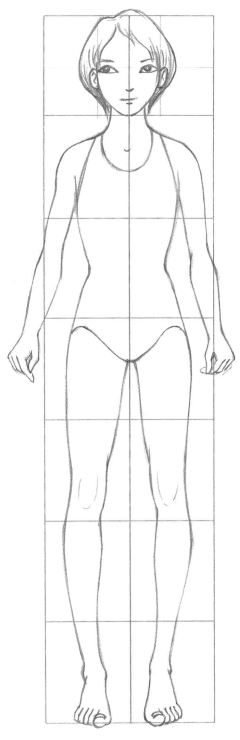

5~6세 아동의 인체 비례

• 약 6등신을 조금 넘긴 인체비례로 다리의 성장이 빠르다.
• 허리 모양이 드러나지 않으며 목이 짧고 어깨가 좁다.

10세 아동의 인체 비례

• 약 7등신이 된다. 상체의 길이가 키의 약 1/4 정도로 여전히 긴 편이다.
• 사춘기 직전으로 아직은 몸이 덜 발달하였고 몸의 곡선이 드러나지 않는다.

2.5 9등신 인체 그리기

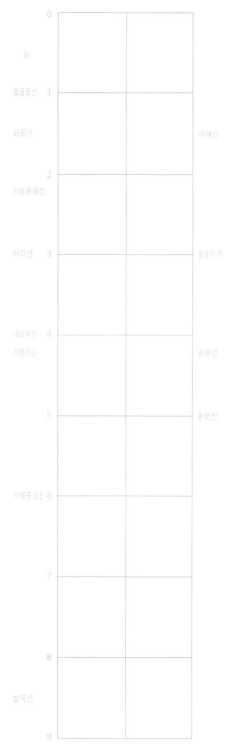

0		
눈		
얼굴끝선 1		어깨선
쇄골선		
2		
가슴둘레선		
허리선 3		팔꿈치선
대퇴부선 4		손목선
가랑이선		
5		손끝선
무릎중심선 6		
7		
8		
발목선		
9		

기준선 그리기

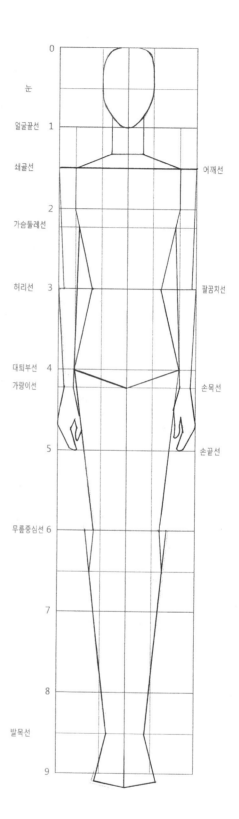

몸통 덩어리로 인체 표현하기

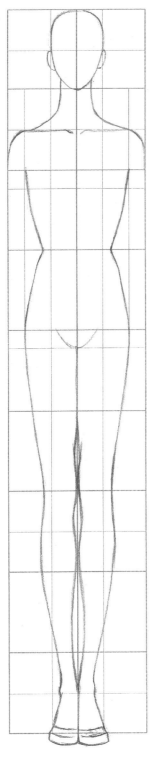

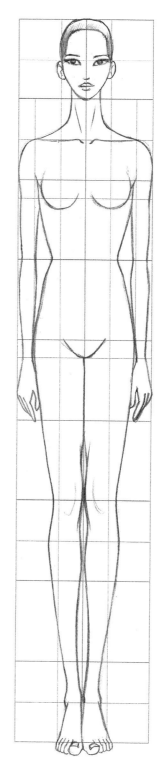

몸통 그리기

• 여성 인체의 실루엣은 몸통에서 잘록한 허리, 힙선에 걸쳐 아름다운 곡선을 드러 내는 것이 특징이다.

세부 표현하기

• 목, 팔과 손목, 다리와 발목은 가늘게 그 리는 것이 좋다.

FASHION **3**

인체의 부분

3.1 얼굴 그리기

- 얼굴의 폭과 길이의 비례는 약 1:1.5이다.
- 얼굴 길이를 6등분하였을 때 눈은 얼굴의 중심인 3등분선에 위치한다.

(1) 정면 얼굴 그리기

- 얼굴의 길이를 6등분한다.
- 약 4등선까지 두개골을 표현하는 둥근 원을 그린다.
- 턱선은 수직보다는 약간 갸름한 느낌의 사선으로 표현한다.
- 귀는 눈꼬리 끝과 만나는 3등분선과 4와 1/2등분선까지의 길이로 그린다.
- 코는 4와 1/2등분선 끝에 살짝 위치만 표현하거나 생략하기도 한다.
- 윗입술과 아랫입술의 중앙이 5등분선을 통과하도록 하여 턱을 작게 그린다.
- 눈, 코, 입, 귀의 자세한 디테일은 생략할 수 있다.

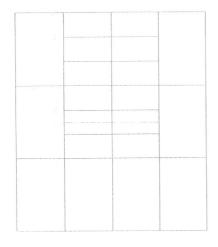

기준선 그리기

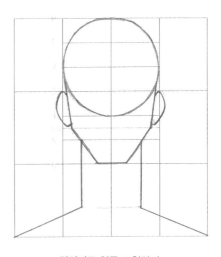

덩어리로 얼굴 표현하기

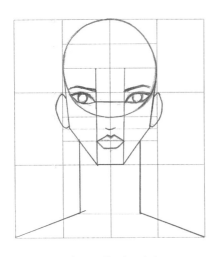

눈, 코, 입, 귀 그리기

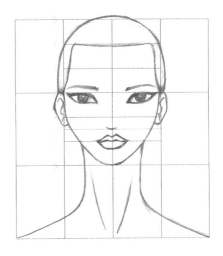

세부 표현하기

(2) 측면 얼굴 그리기

• 얼굴의 길이를 6등분한다.

• 세로의 중심선은 귀와 턱이 만나는 지점을 통과한다.

• 두개골의 뒤통수는 정면보다 아래까지 튀어나와 있어서 더 크므로 약 5등분선까지 두개골을 표현하는 둥근 원을 그린다.

• 얼굴의 중심선은 코를 중심으로 둥글게 튀어나오도록 그린다.

• 귀는 측면에서 정면의 형태이며 눈꼬리 끝과 만나는 3등분선과 4와 1/2등분선까지의 길이로 그린다.

• 코는 4와 1/2등분선 끝까지 코의 높이를 살려 표현한다.

• 윗입술과 아랫입술의 중앙이 5등분선을 통과하도록 입술의 반만 그린다.

• 목은 측면에서 사선을 이룬다.

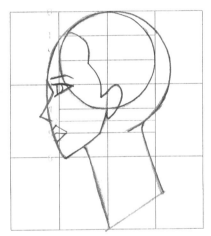

덩어리로 얼굴 표현하기

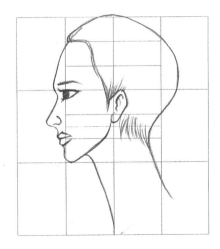

세부 표현하기

(3) 사면 얼굴 그리기

- 사면의 얼굴도 뒤통수가 보이므로 약 5등분선까지 두개골을 표현하는 둥근 원을 그린다.
- 얼굴의 중심선은 코를 중심으로 둥글게 튀어나오도록 그린다.
- 귀는 눈꼬리 끝과 만나는 3등분선과 4와 1/2등분선까지의 길이로 그린다.
- 코는 4와 1/2등분선 끝까지 코의 높이를 살려 코끝을 표현한다.
- 윗입술과 아랫입술의 중앙이 5등분선을 통과하도록 입술의 반은 그대로 들어가는 쪽은 각도에 따라 폭을 조절하여 그린다.
- 목은 측면만큼은 아니나 사선을 이룬다.

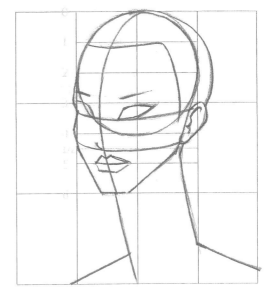

덩어리로 얼굴 표현하기

세부 표현하기

(4) 얼굴의 방향과 목 길이 표현하기

· 다양한 얼굴의 방향을 잘 그리려면 눈, 코, 입의 가로선과 세로 중심선의 움직임을 잘 읽어야 한다.

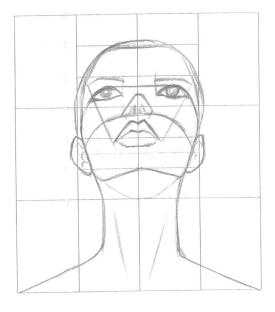 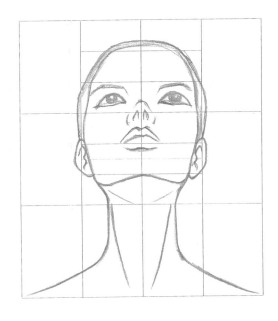

고개를 든 얼굴
· 가로 기준선이 위로 볼록해 진다.
· 귀가 내려가고 눈이 위로 올라간다.
· 턱선이 위로 휘면서 무뎌진다.
· 목선은 턱의 밑이 보이므로 길어 보인다.

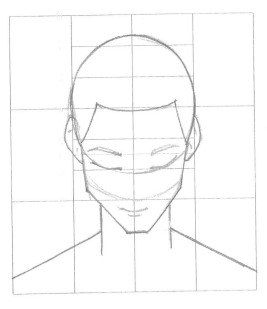 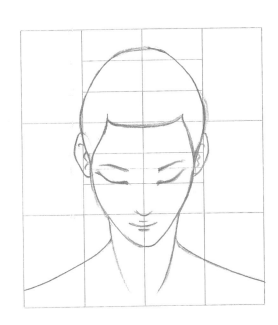

고개를 숙인 얼굴
· 가로 기준신이 아래로 볼록해진다.
· 귀가 올라가고 눈이 아래로 내려간다.
· 턱선이 뾰족해진다.
· 목선은 턱이 목선을 가리므로 짧아 보인다.

(5) 얼굴의 세부 표현하기

• 눈

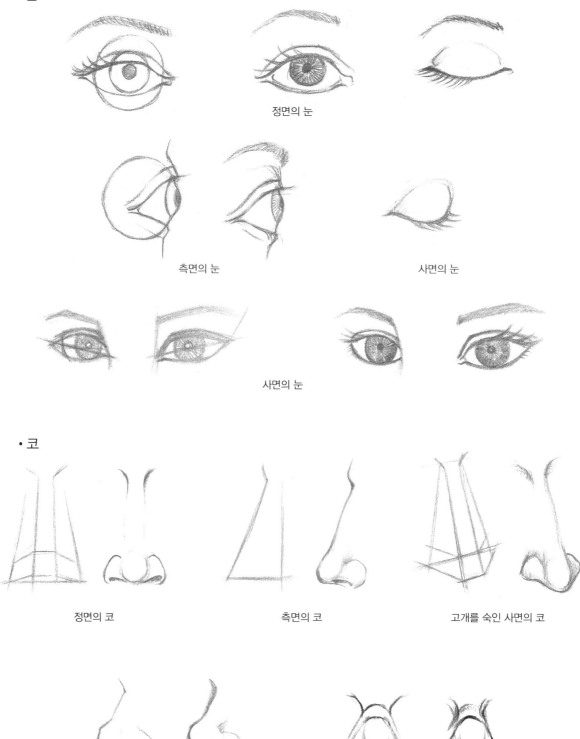

정면의 눈

측면의 눈

사면의 눈

사면의 눈

• 코

정면의 코

측면의 코

고개를 숙인 사면의 코

고개를 든 코

• 입

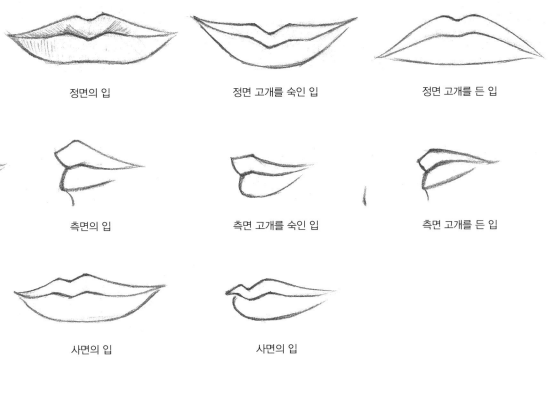

정면의 입   정면 고개를 숙인 입   정면 고개를 든 입

측면의 입   측면 고개를 숙인 입   측면 고개를 든 입

사면의 입   사면의 입

• 귀

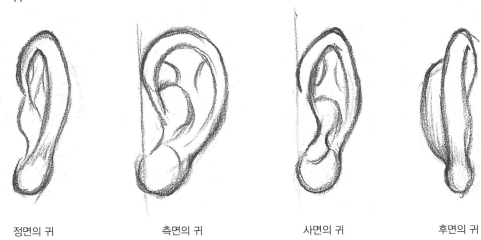

정면의 귀   측면의 귀   사면의 귀   후면의 귀

(6) 헤어 표현하기

• 헤어는 머리카락 한 가닥 한 가닥이 모여 덩어리를 형성한 것이므로 한 가닥씩을 그리지 말고 먼저 전체 실루엣을 그려준다.

• 헤어에는 빛을 받는 면은 밝고 어둡고 하는 리듬감이 형성된다. 따라서 전체 덩어리를 헤어 컬러의 중간 색조로 칠한 후 어두운 부분과 밝은 부분은 색연필을 사용하여 마무리한다.

• 헤어의 안쪽은 그림자가 생겨 어두우므로 어둡게 칠하면 입체감이 생긴다.

• 모자는 두개골의 크기보다는 약간 크게 크라운을 그려주고 챙을 그려주면 된다.

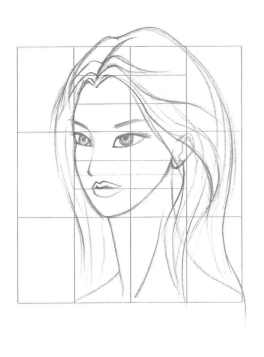 

 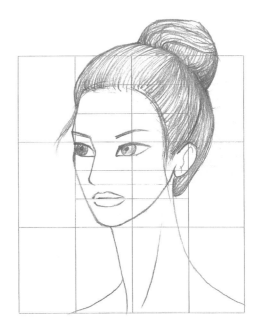

(7) 개성있는 얼굴 표현하기

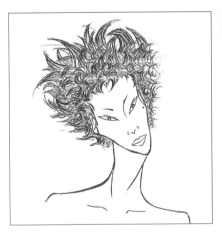  

학생 작품

3.2 손과 팔 그리기

- 손등과 손가락의 비례는 약 1:1이다.
- 손은 크게 손등, 엄지손가락, 4개의 손가락으로 구분된다.
- 엄지손가락은 2개의 마디로, 나머지 4개의 손가락은 3개의 마디로 나뉘지만 보통 2개의 마디로 그려도 된다.
- 먼저 손가락 각각 마디를 연결한 기준선을 그린다.
- 손톱의 경우는 엄지손톱은 표현하나 나머지 손톱은 생략하기도 한다.

(1) 손 그리기

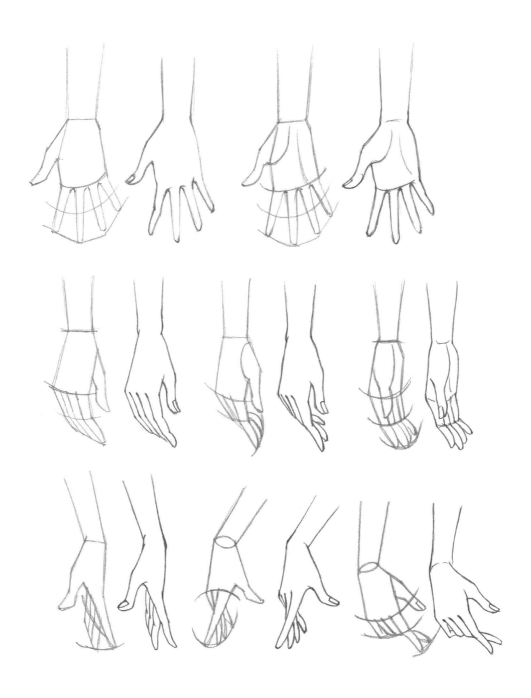

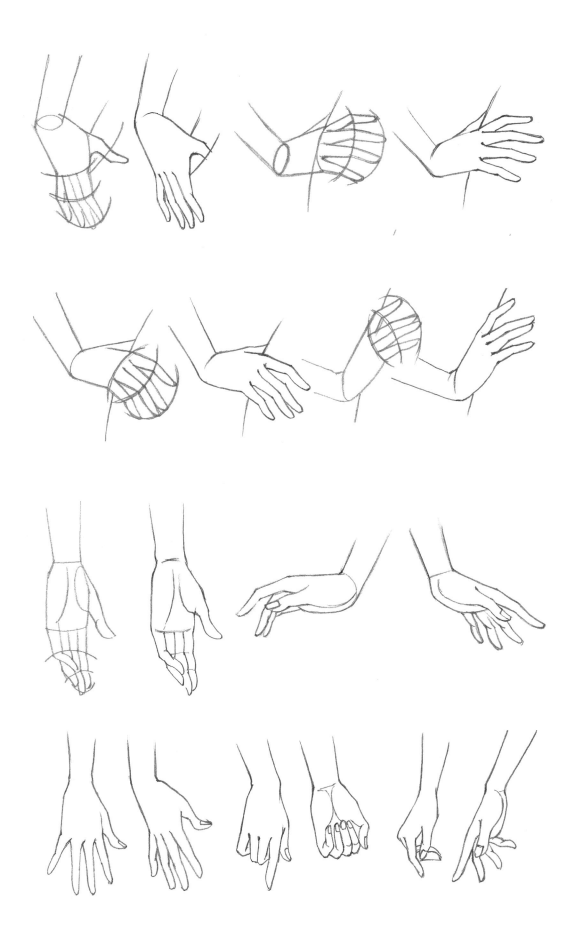

(2) 팔 그리기

- 팔을 90도 정도까지 올리면 어깨 관절이 움직인다.
- 팔을 90도 이상 올리면 쇄골이 움직인다.
- 팔을 올리면 유두점(B.P.)도 따라 올라가면서 가슴의 근육이 이완되어 길어진다.
- 승모근이 짧아지고 삼각근이 두드러진다.
- 팔은 자연스럽게 내린 자세에서 앞으로 약간 구부러진다.

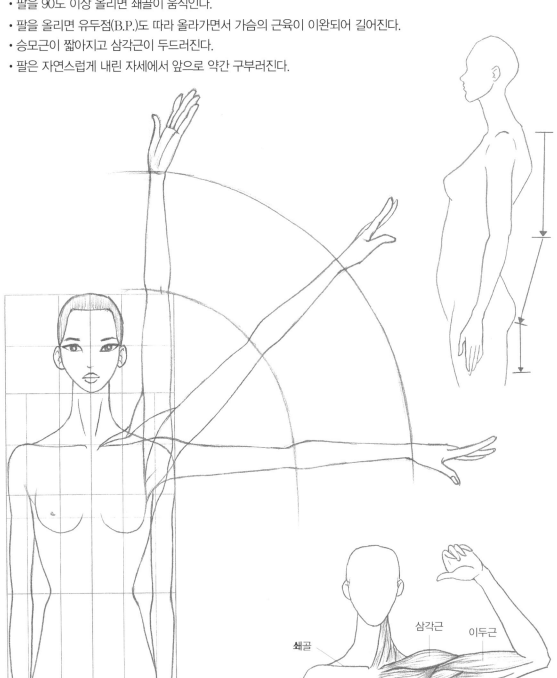

쇄골   삼각근   이두근

3.3 발과 다리 그리기

- 손등과 손가락의 비례는 약 1:1이다.
- 발은 크게 발등, 5개의 발가락, 발뒤꿈치로 구분된다.
- 굽(heel)의 높이에 따라 발등의 길이가 달라진다. 굽이 높을수록 많이 보인다.
- 먼저 발가락 각각 마디를 연결한 기준선을 그린다.
- 신발은 사실 그대로 그리지 말고 선을 단순화하여 사용한다.

(1) 발과 신발 그리기

- 정면

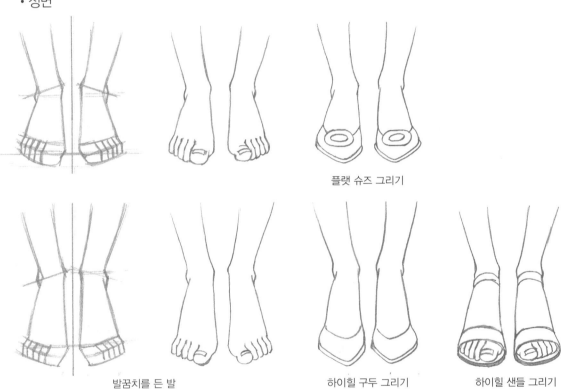

플랫 슈즈 그리기

발꿈치를 든 발   하이힐 구두 그리기   하이힐 샌들 그리기

- 측면

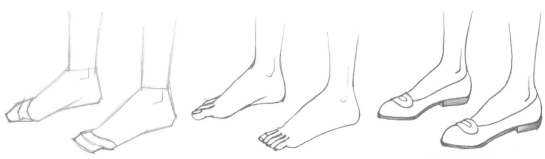

플랫 슈즈 그리기

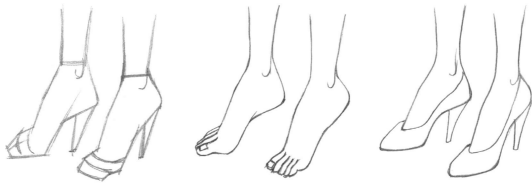

발꿈치를 든 측면 발

하이힐 구두 그리기

하이힐 샌들 그리기

• 후면

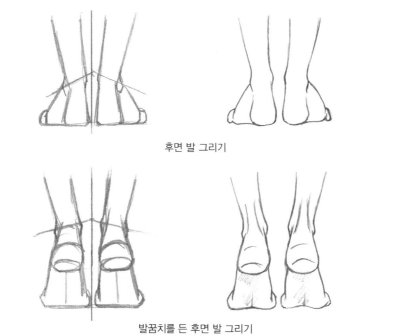

후면 발 그리기

후면 플랫 슈즈 그리기

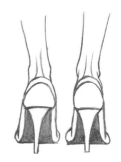

발꿈치를 든 후면 발 그리기

후면 하이힐 구두 그리기

(2) 다리 그리기

• 다리는 무릎을 중심으로 상하가 어긋나 있다.

• 다리의 돌출부는 양 옆에서 서로 어긋나 있다.

• 다리를 그릴 때에는 대퇴부(허벅지)보다는 하퇴부(종아리)부분을 더 길게 그린다.

• 무릎은 양 옆이 굴곡이 되어 튀어나와 있으나 안쪽 만 튀어나오도록 그리고 바깥쪽은 매끈하게 처리한다.

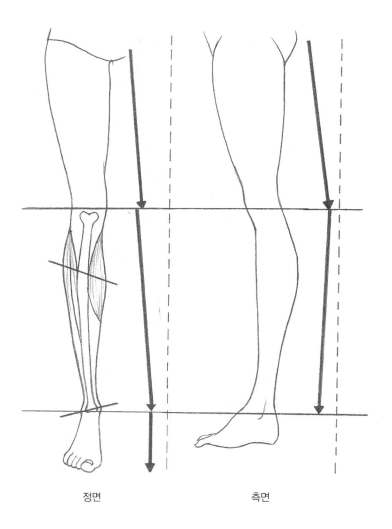

정면   측면

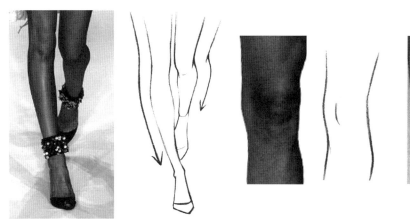

41

FASHION 4

다양한 포즈

FASHION 4.1 정면 포즈(Front pose) 그리기

- 세로의 기준선은 쇄골선의 중심을 통과하도록 그리는 것이 좋다.

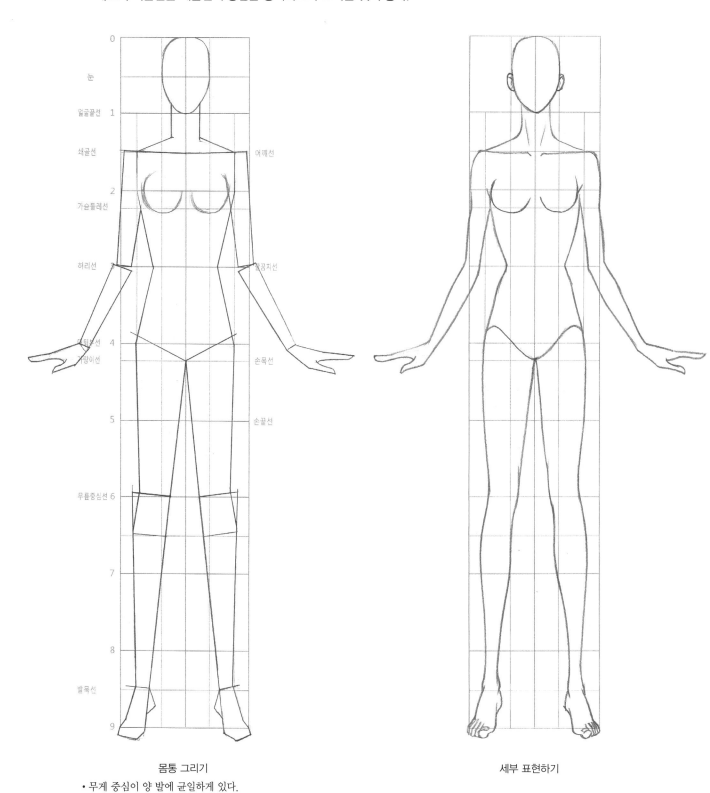

몸통 그리기   세부 표현하기

- 무게 중심이 양 발에 균일하게 있다.

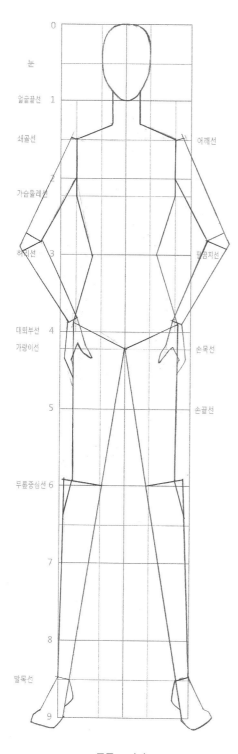

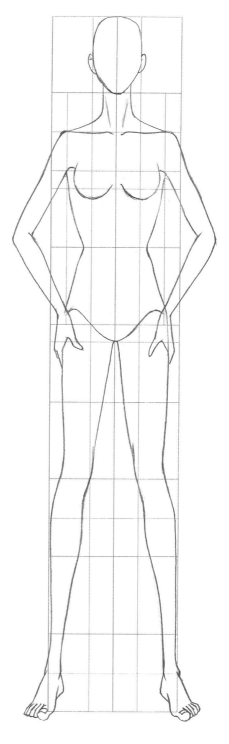

눈
얼굴끝선 1
쇄골선   어깨선
가슴둘레선 2
허리선 3   팔꿈치선
대퇴부선 4
가랑이선   손목선
5   손끝선
무릎중심선 6
7
8
발목선
9

0

몸통 그리기

세부 표현하기

• 무게 중심이 양 다리에 균일하게 있다.

45

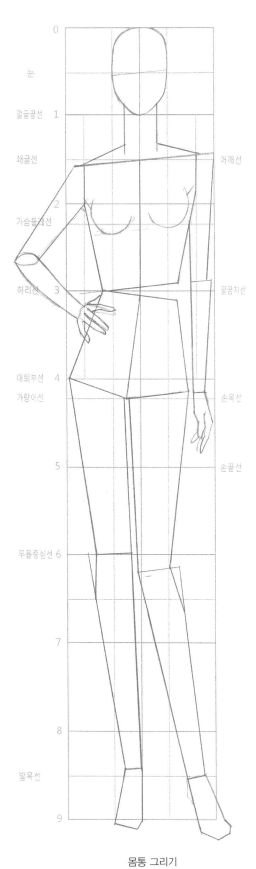

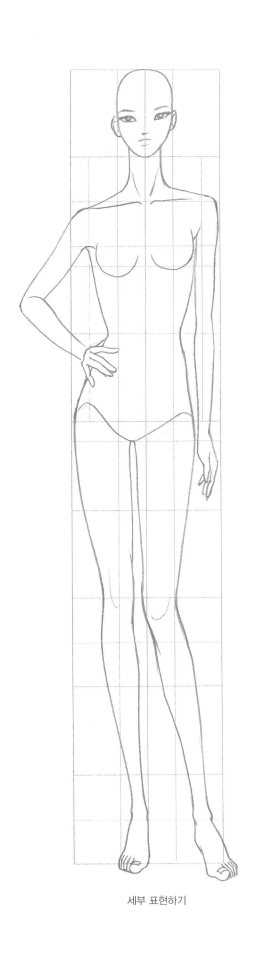

몸통 그리기

세부 표현하기

• 무게 중심이 오른쪽 다리에 있다.

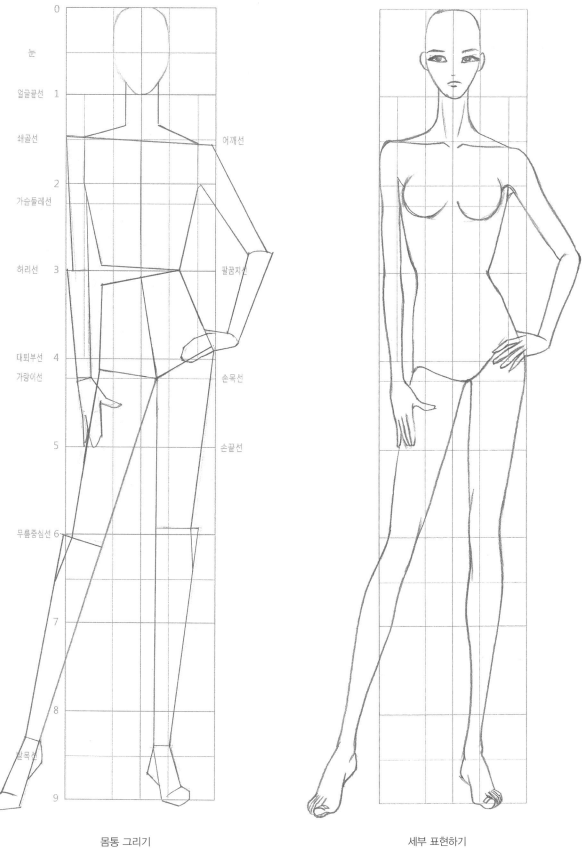

눈
얼굴끝선
쇄골선　　　　　　　　　　　　　　　　　　어깨선
가슴둘레선
허리선　　　　　　　　　　　　　　　　　　팔꿈치선
대퇴부선
가랑이선　　　　　　　　　　　　　　　　　　손목선
　　　　　　　　　　　　　　　　　　　　　　손끝선
무릎중심선
발목선

몸통 그리기
• 무게 중심이 왼쪽 다리에 있다.

세부 표현하기

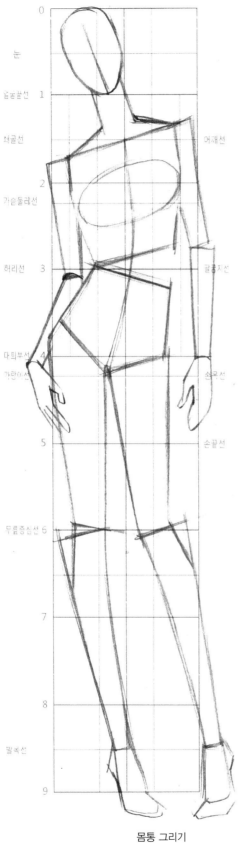

0

눈

1 입술붙선

쇄골선

2

가슴둘레선

3 허리선

다리부선

4

가랑이선

5

두릎중심선 6

7

8

발폭선

9

어깨선

팔꿈지선

손목선

손끝선

몸통 그리기
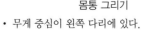
• 무게 중심이 왼쪽 다리에 있다.

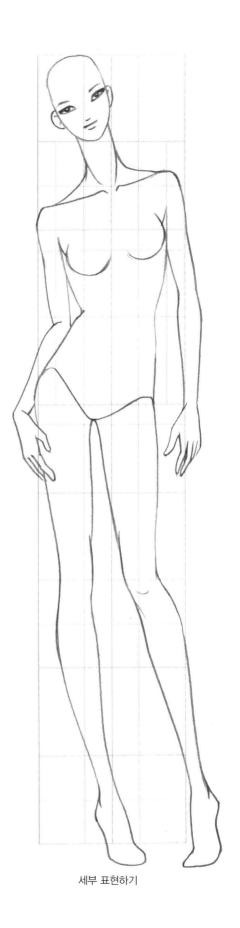

세부 표현하기

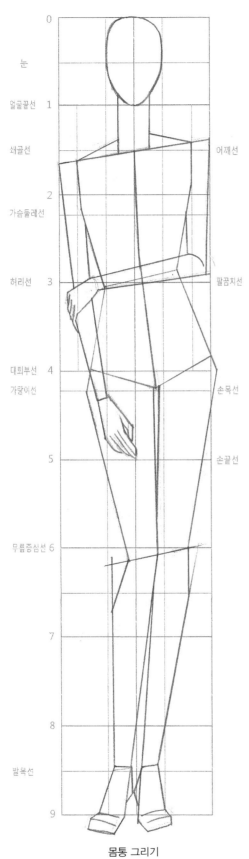

눈

얼굴끝선 1

쇄골선   어깨선

2

가슴둘레선

허리선 3   팔꿈치선

대퇴부선 4
가랑이선   손목선

            5   손끝선

무릎중심선 6

7

발목선

8

9

몸통 그리기

• 무게 중심이 왼쪽 다리에 있다.

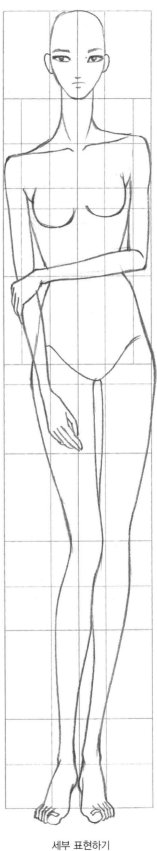

세부 표현하기

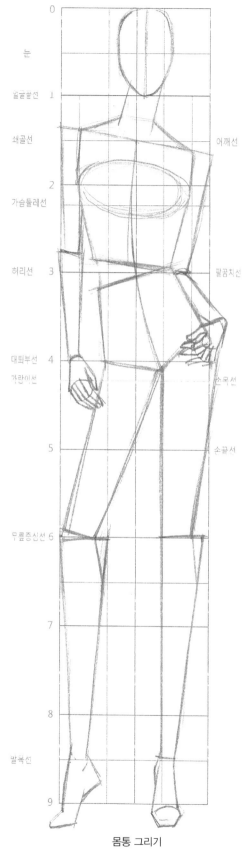

눈

얼굴쌀선

쇄골선   어깨선

가슴둘레선

허리선   팔꿈치선

대퇴부선
가랑이선   손목선

      손끝선

무릎중심선

발목선

몸통 그리기
• 무게 중심이 왼쪽 다리에 있다.

세부 표현하기

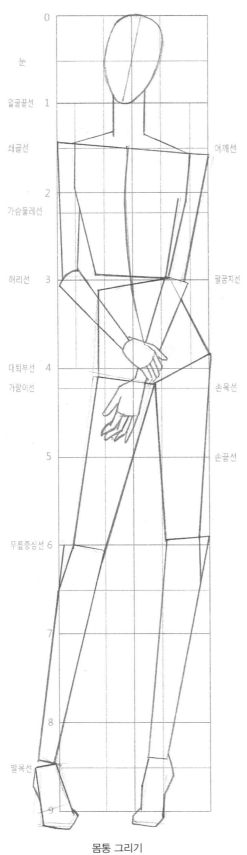

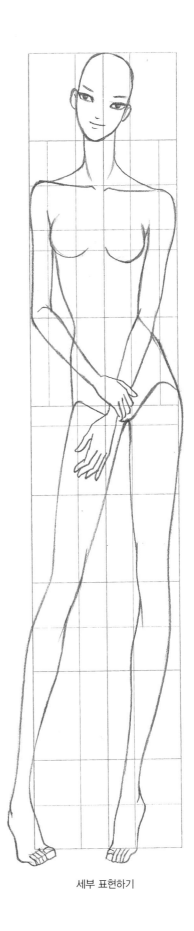

눈

얼굴끝선

쇄골선   어깨선

가슴둘레선

허리선   팔꿈치선

대퇴부선   손목선
가랑이선

                손끝선

무릎중심선

발목선

몸통 그리기

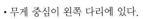

• 무게 중심이 왼쪽 다리에 있다.

세부 표현하기

4.2 사면 포즈(Three-quarter view pose) 그리기

· 사면 포즈는 인체의 실루엣이 가장 아름답게 드러나는 포즈이다.
· 유연한 인체를 강조하여 부드러운 S자의 곡선을 살려준다.

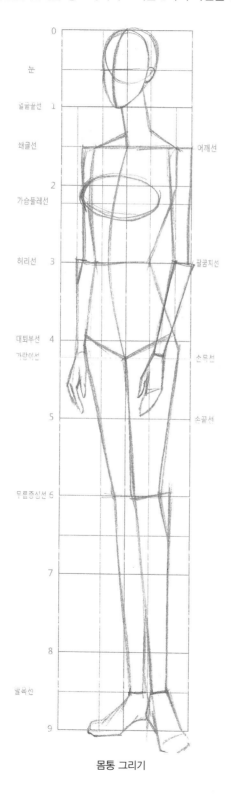

몸통 그리기

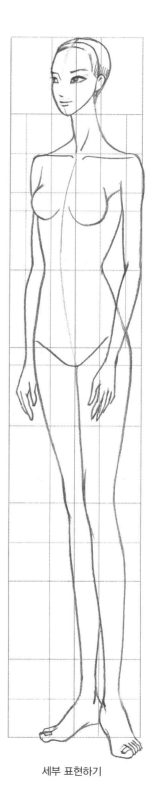

세부 표현하기

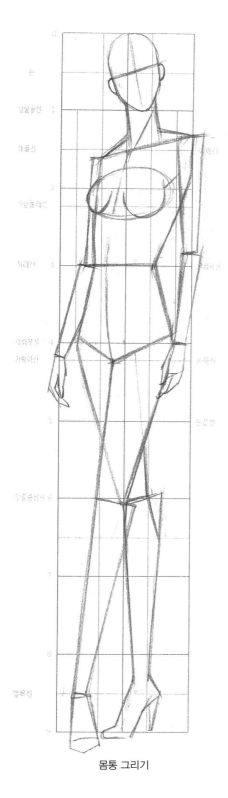

몸통 그리기

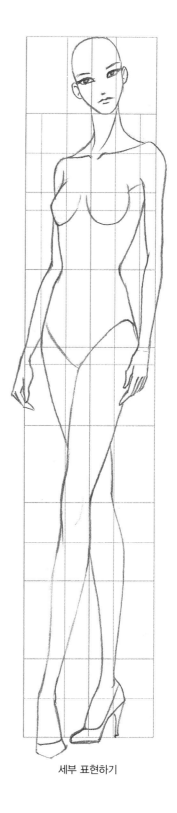

세부 표현하기

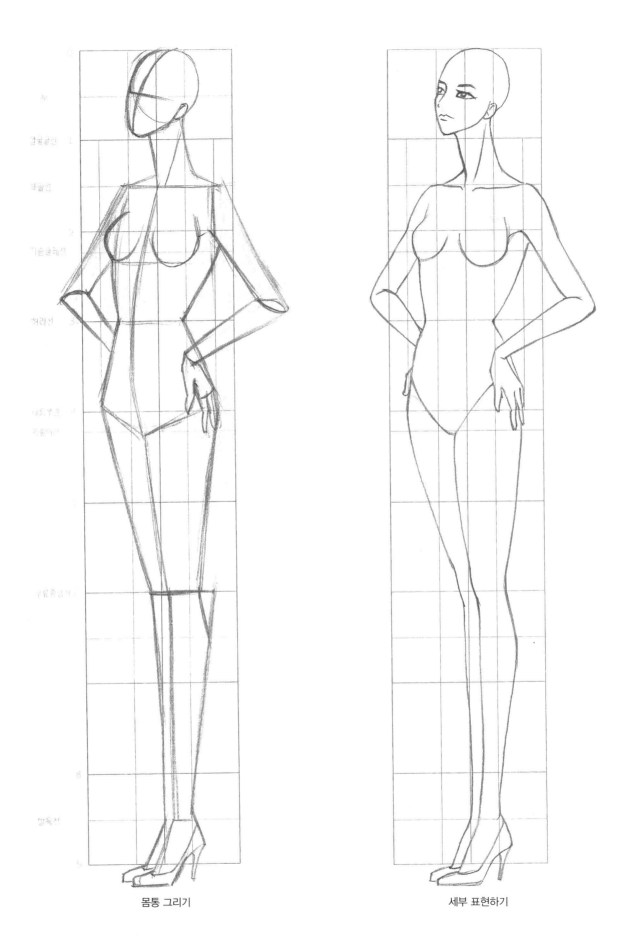

몸통 그리기

세부 표현하기

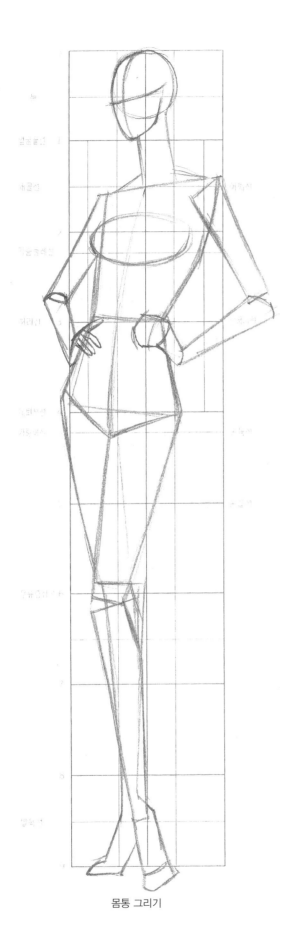

몸통 그리기

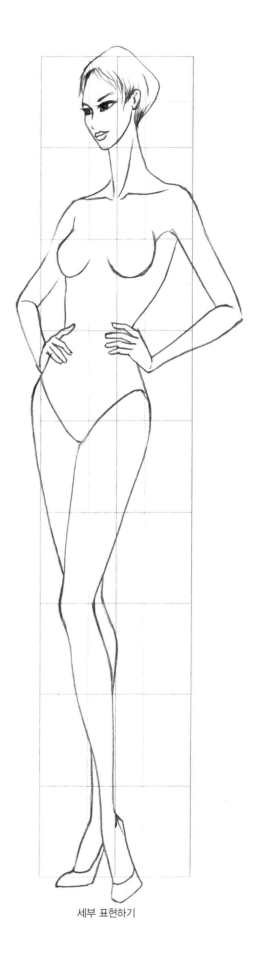

세부 표현하기

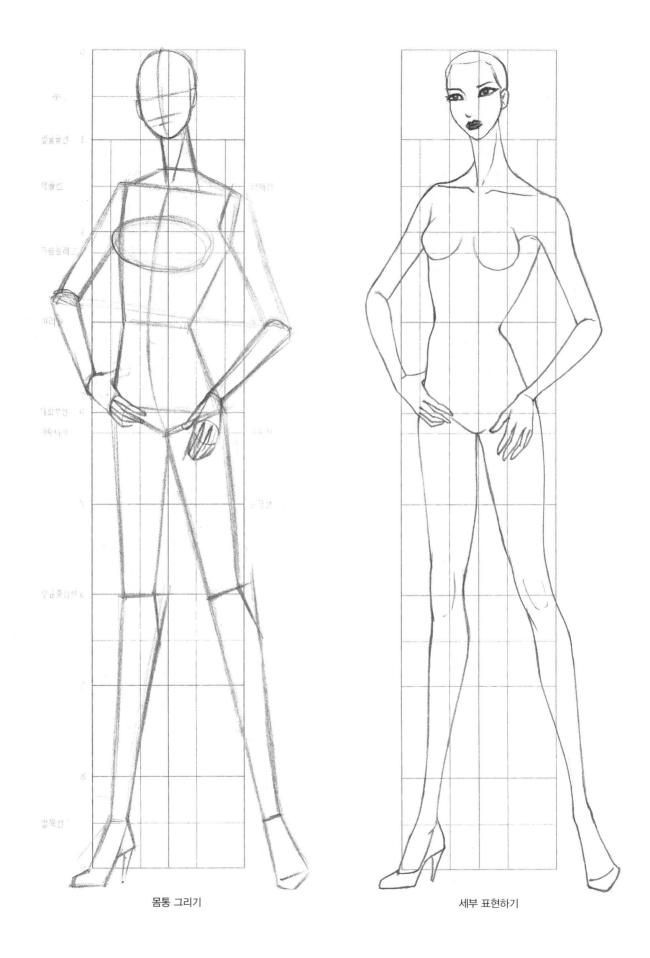

몸통 그리기   세부 표현하기

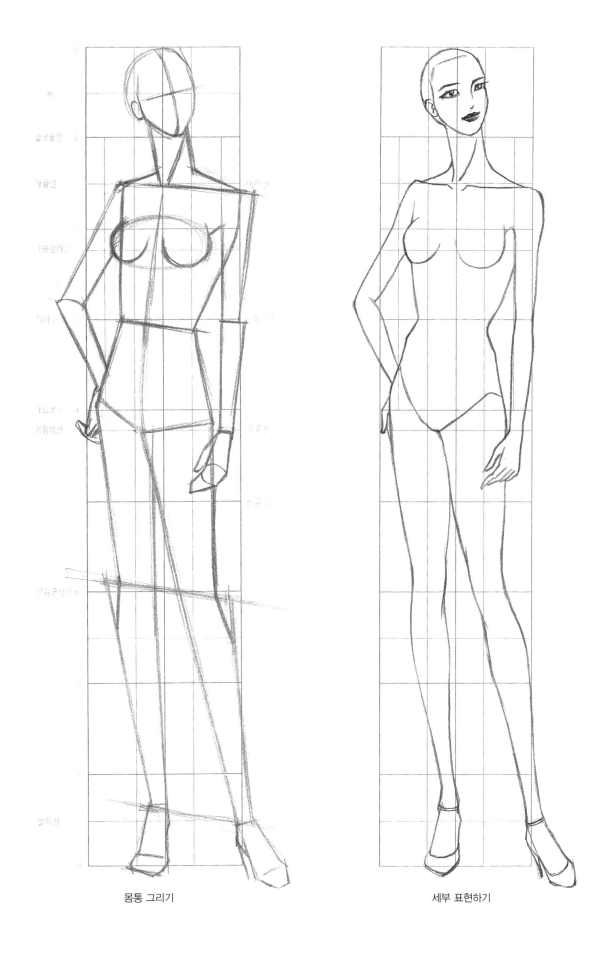

몸통 그리기   세부 표현하기

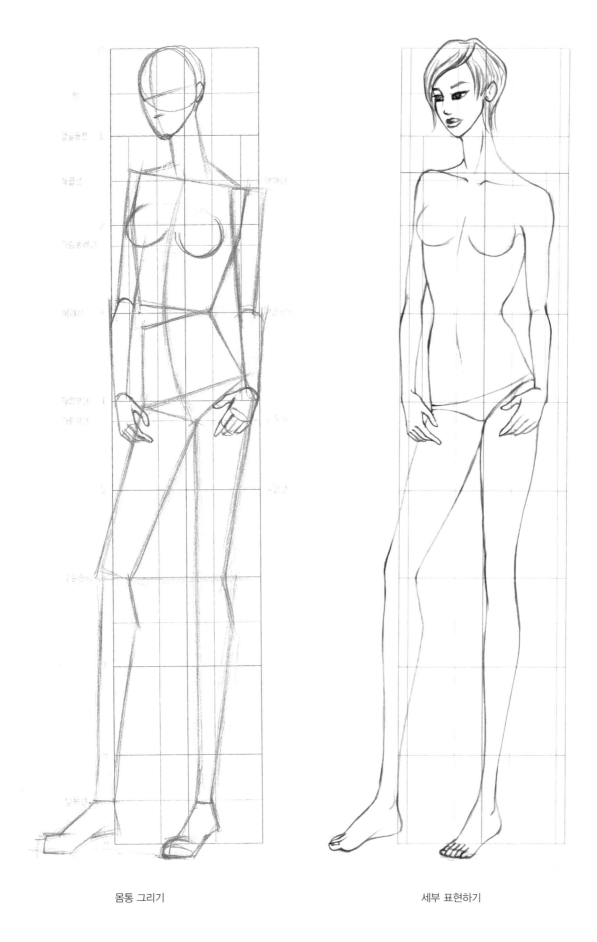

몸통 그리기

세부 표현하기

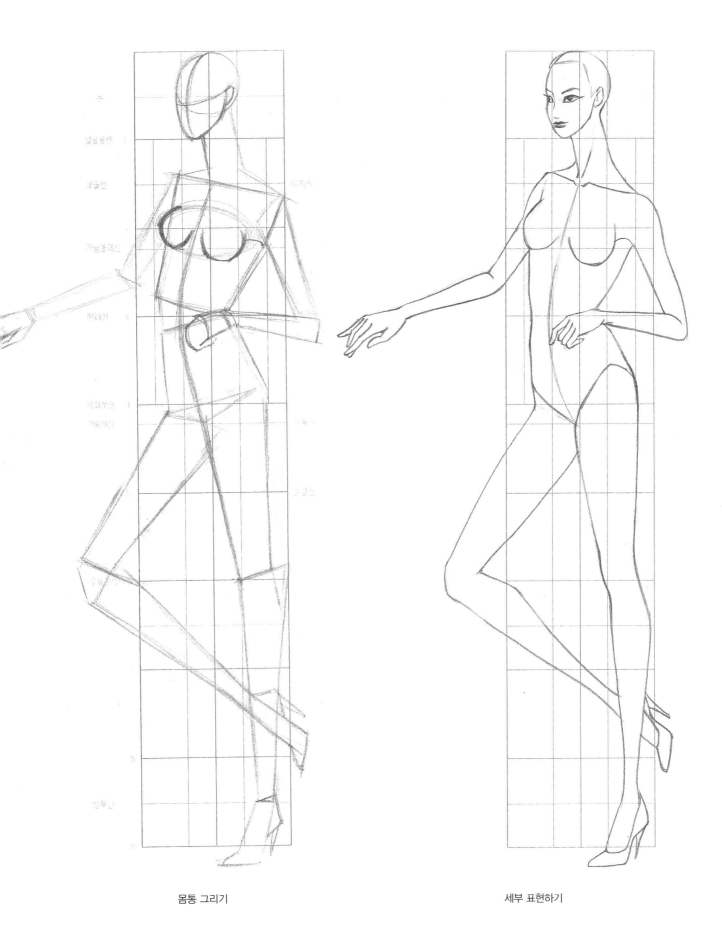

몸통 그리기

세부 표현하기

4.3 걷는 포즈(Walking pose) 그리기

· 걸을 때에는 앞발과 뒷발에 힘이 계속 반복적으로 주어진다.
· 어깨의 기울기는 힘을 주고 있는 발쪽에 의해 결정된다.
· 보통 왼쪽발에 힘을 주면 오른쪽 어깨가 올라간다.

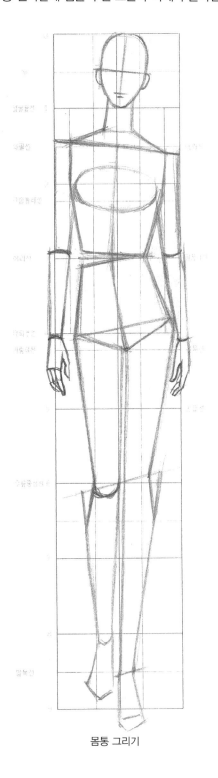

몸통 그리기

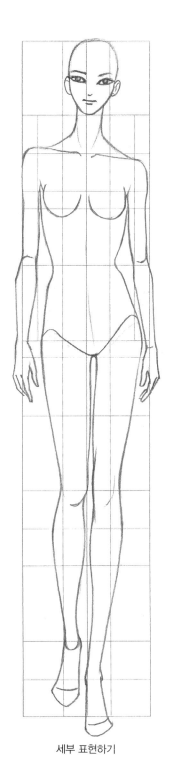

세부 표현하기

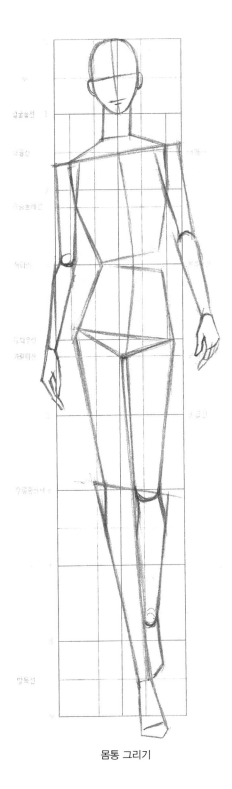

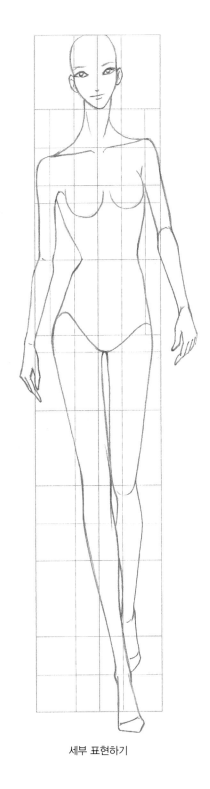

몸통 그리기   세부 표현하기

61

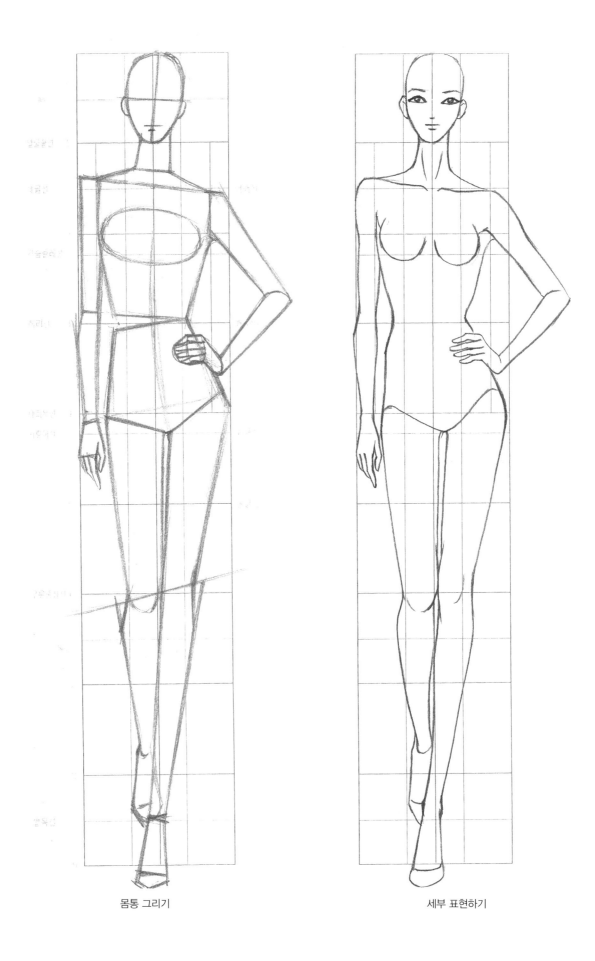

몸통 그리기   세부 표현하기

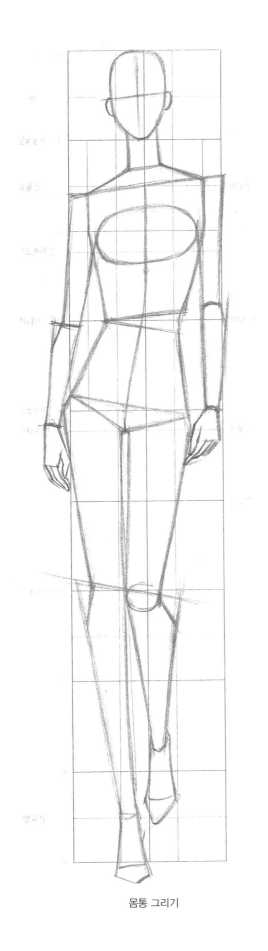

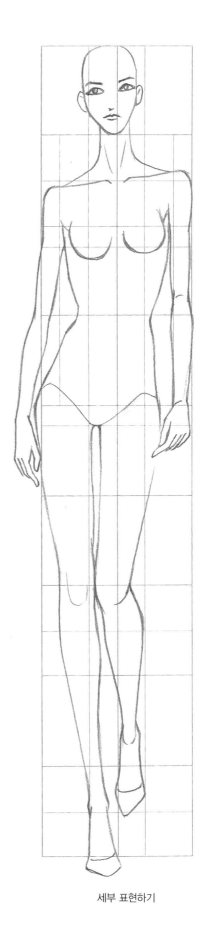

몸통 그리기 　　　　　　　　　　　　　세부 표현하기

4.4 후면 포즈(Back pose) 그리기

- 후면 포즈는 정면과 동일한 비례와 균형이 적용된다.
- 얼굴의 경우 턱선이 목에 의해 가려져 얼굴의 길이가 약간 짧게 표현된다.
- 다리의 경우 앞으로 뻗은 발의 길이가 더 짧게 표현된다.

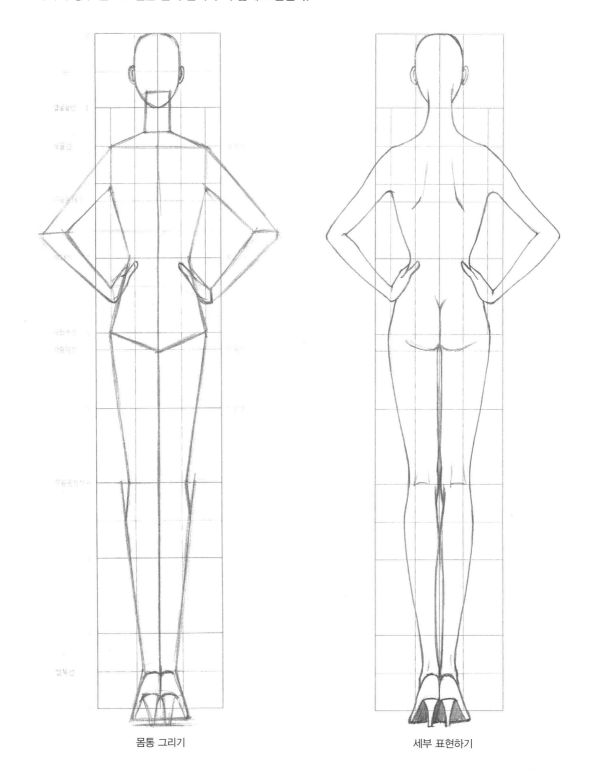

몸통 그리기   세부 표현하기

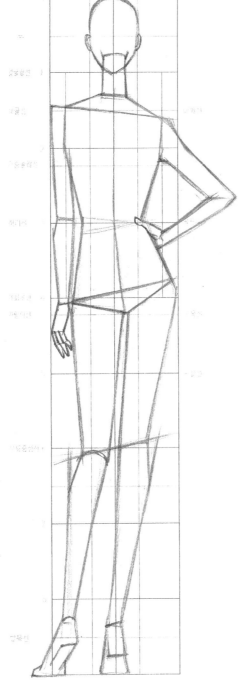

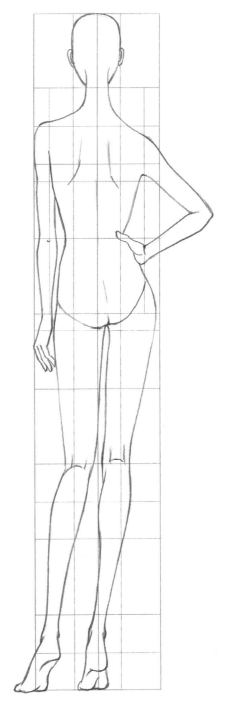

몸통 그리기   세부 표현하기

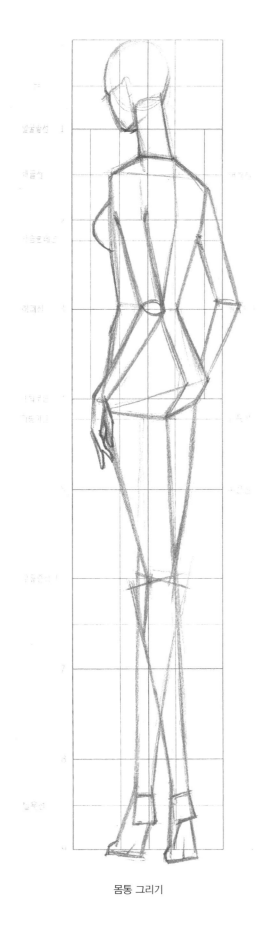

몸통 그리기

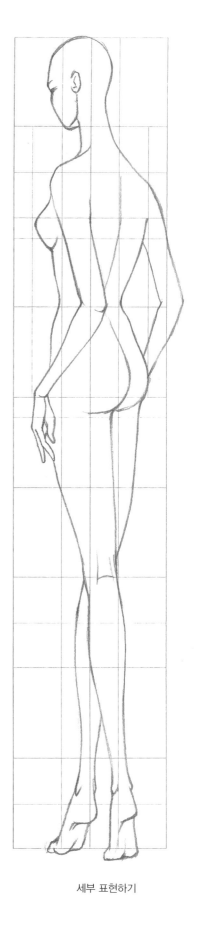

세부 표현하기

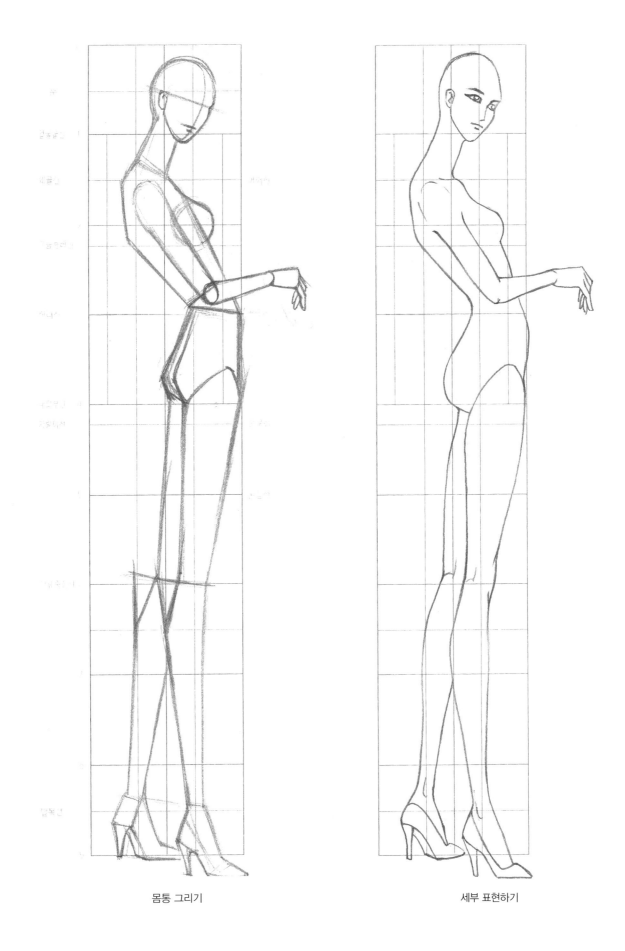

몸통 그리기   세부 표현하기

FASHION 4.5 앉은 포즈(Sitting pose) 그리기

• 앉은 포즈에서는 대퇴부의 길이가 짧게 표현된다.

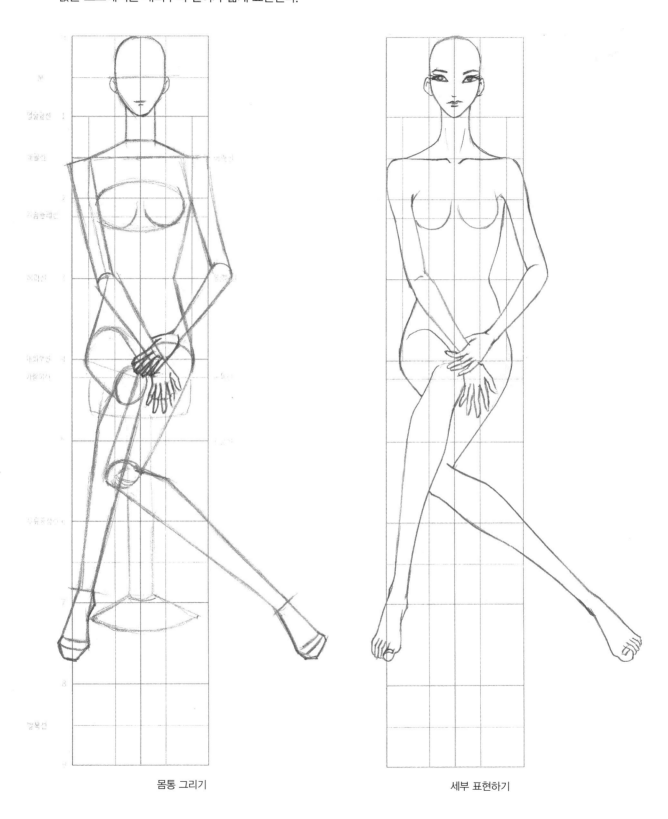

몸통 그리기   세부 표현하기

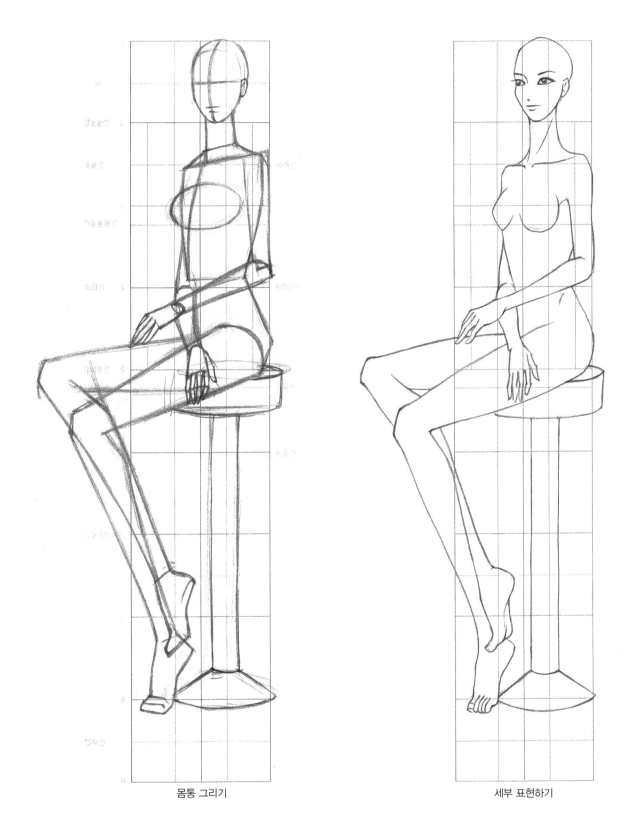

몸통 그리기

세부 표현하기

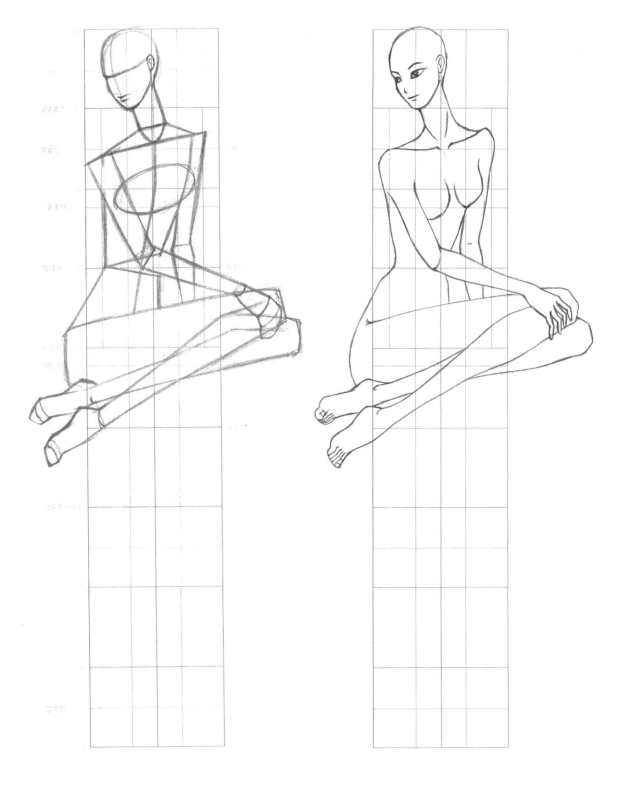

몸통 그리기   세부 표현하기

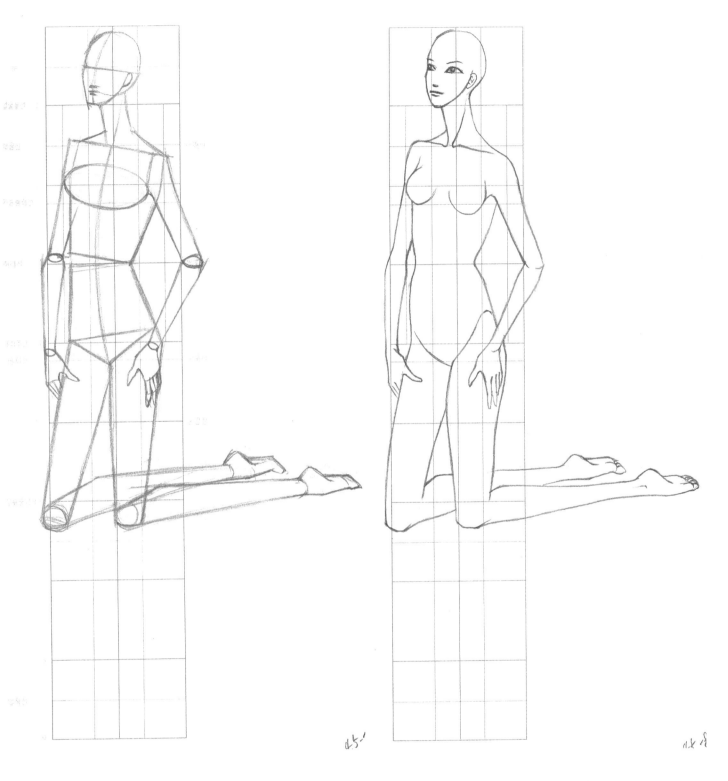

몸통 그리기   세부 표현하기

• 동적인 포즈는 패션 일러스트레이션에 역동적인 생명감을 불어 넣는다.

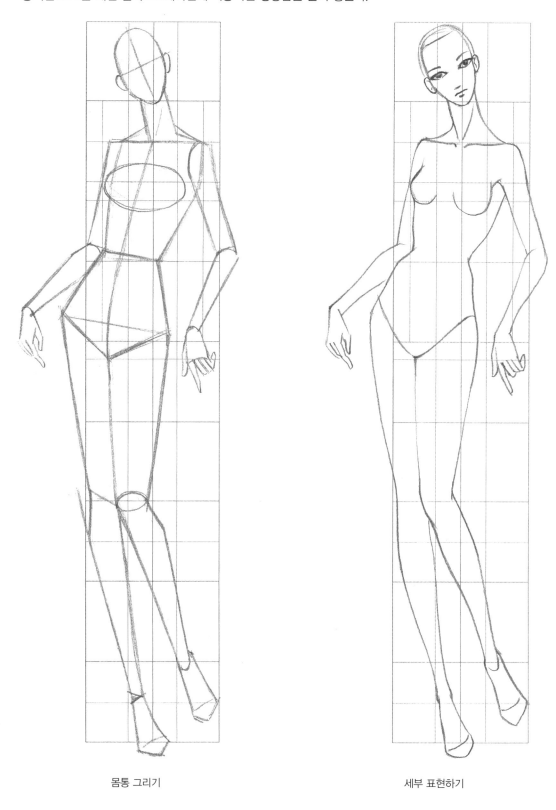

몸통 그리기   세부 표현하기

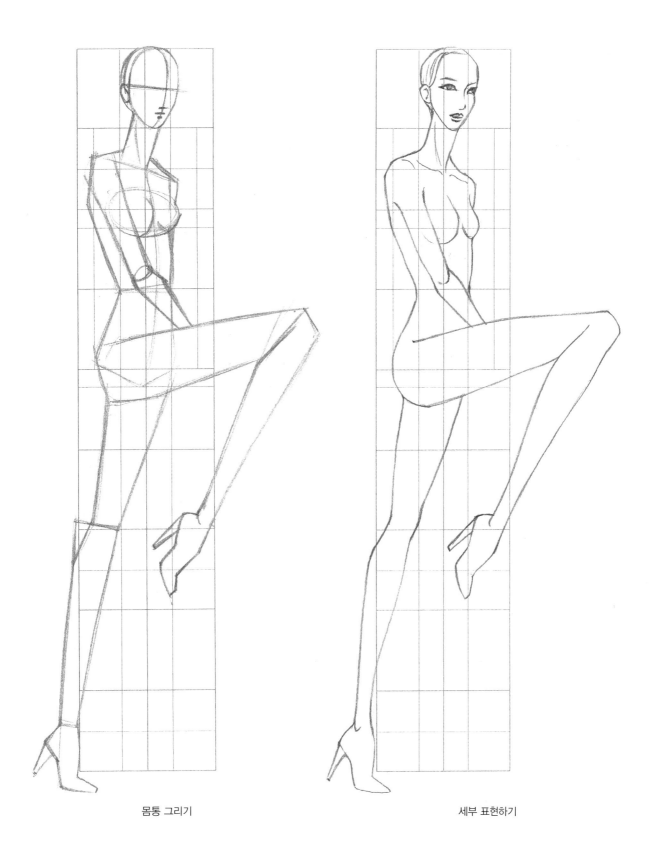

몸통 그리기   세부 표현하기

73

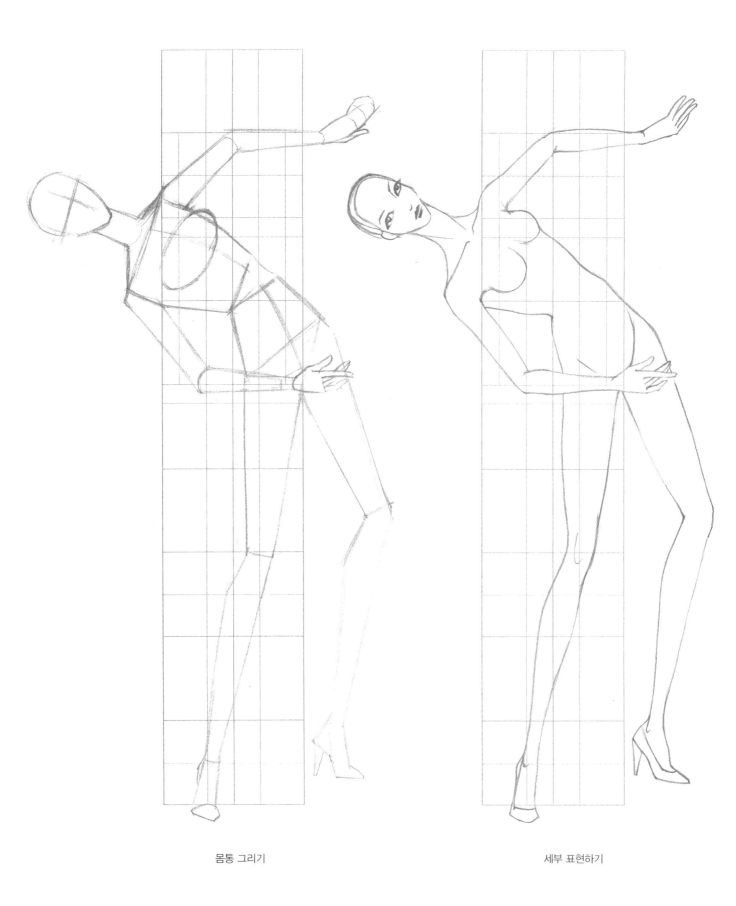

몸통 그리기   세부 표현하기

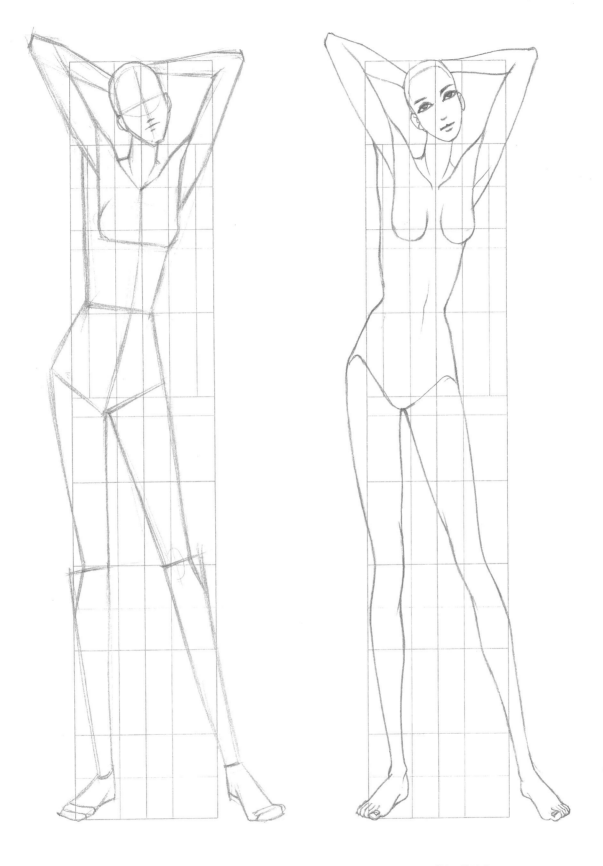

몸통 그리기   세부 표현하기

4.7 시점이 다른 포즈 그리기

- 대상을 보는 눈높이에 따라 보이는 면과 형태가 달라지게 된다.
- 원근법을 적용한다.

시선의 위치-아래에서 위

- 인체의 하체부분이 넓게 보이고 상체로 올라 갈수록 좁아진다.

시선의 위치-위에서 아래

· 인체의 상체부분이 넓게 보이고 하체로 내려 갈수록 좁아진다.

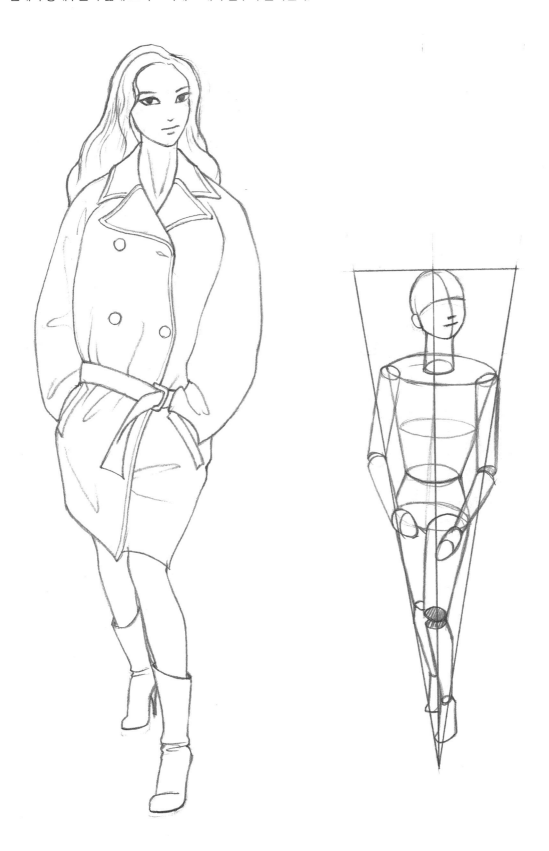

FASHION **5**

패션 이미지와
패션 일러스트레이션

• 현대 패션에서는 각각의 패션 이미지들이 단독으로 표현되기 보다는 mix되어 디자인되는 경우가 대부분이다. 패션 이미지에 맞는 포즈의 선택과 인체의 디테일표현은 패션 이미지를 더욱 부각시킬 수 있다.

5.1 페미닌(Feminine) 이미지의 표현

• 일정한 형식이 없으나 여성스럽고 우아한 이미지를 표현한다.
• 인체의 곡선미를 나타내며 시대를 반영한 성숙한, 세련된, 우아한 이미지를 포함한다.

5.2 매니쉬(Mannish) 이미지의 표현

• 남성 신사복의 디자인을 도입하여 여성다운 감각으로 표현한 스타일이다.

FASHION 5.3 엘레강스(Elegance) 이미지의 표현

- 여성적인 아름다움을 추구하는 페미닌룩 중 성인을 대상으로하는 클래식한 패션 감각을 말한다.
- 과잉 장식을 피하고 소재의 특성을 살려 인체 그대로의 아름다움을 나타낸다.

FASHION 5.4 큐트(Cute) 이미지의 표현

• 여성적인 아름다움을 추구하는 페미닌룩 중 어린 소녀의 '귀여운 · 예쁜' 패션 감각이다.

5.5 스포티(Sporty) 이미지의 표현

• 강하고 활동적이며, 편안하고 친근한 이미지이다.
• 스포츠웨어가 가진 기능성과 편리성을 반영한 디자인으로 셔츠 룩, 사파리 룩, 밀리터리 룩, 스모크 룩, 테니스 룩 등 다양하다.

5.6 캐주얼(Casual) 이미지의 표현

- 캐주얼이란 '격식을 차리지 않는, 무관심한'이란 뜻으로 평상시에 격식을 차리지 않고 가볍게 입을 수 있는 경쾌한 옷차림을 말한다.

FASHION 6

착장 표현

• 디자인의 볼륨감에 맞게 인체와 의복간의 여유분(tight & loose)을 조절한다.

타이트한 버뮤다 팬츠

박스 실루엣의 셔츠

타이트한 레깅스

코쿤 실루엣의 원피스

6.2 의복 선의 표현

• 인체의 덩어리와 의복의 선(hem line)은 같이 표현된다.

6.3 주름의 표현

• 주름은 인체의 움직임에 구조적으로 생기는 것만 간략히 표현하고 과감히 생략한다.

퍼프(puff) 소매 블라우스와 러플(ruffle) 스커트

• 소매에 개더를 넣어 부풀린 퍼프 소매에는 부드럽고 자연스러우며 일정하지 않은 드레이프가 생긴다.

• 러플이란 옷 가장자리나 솔기에 천을 개더하거나 플리츠하여 넣거나 박는 것이다.

• 둥글고 풍성한 주름을 살려준다.

• 부피감을 강조하려면 러플의 안쪽을 보여주고 명암처리를 하여 입체감을 살려준다.

인체의 덩어리감 표현하기

착장 표현하기

1단계 채색

2단계 채색

완성

91

플리츠(pleats) 스커트

• 플리츠는 매우 다양하게 스커트, 칼라, 커프스, 밑단 등에 사용된다.
• 플리츠는 매우 젊고 귀엽게 보이거나 때로는 세련되어 보인다.
• 플리츠의 밑단은 지그재그선으로 표현한다.

인체의 덩어리감 표현하기   착장 표현하기

1단계 채색

2단계 채색

완성

아코디언 플리츠 스커트

• 기계로 잡은 플리츠는 정확하게 그려야 한다.

인체의 덩어리감 표현하기

착장 표현하기

1단계 채색

2단계 채색

완성

95

플라운스(flounce) 원피스

- 플라운스는 주름 장식으로 프릴과 비슷하나 약간 폭이 더 넓다.
- 칼라, 커프스, 드레스, 스커트 단 등에 쓰인다.
- 주름이 겹쳐있어 아래 부분을 그림자 처리하여 입체감을 살린다.

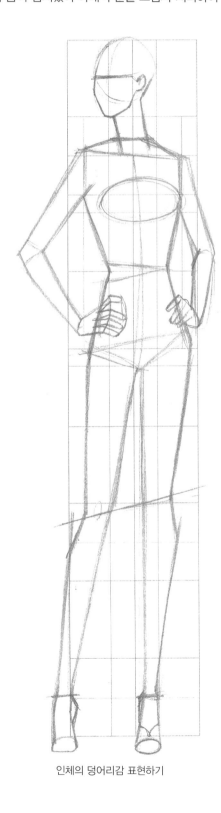

인체의 덩어리감 표현하기   착장 표현하기

1단계 채색

2단계 채색

완성

FASHION 6.4 직물 특성의 표현

- 직물의 특성에 따라 선의 강약을 조절하여 사용한다.
- 직물의 질감이 두드러질 경우 간략하게 표현한다.

가죽 점퍼

- 가죽의 종류는 매우 다양하나 일반적으로 가죽의 가장 큰 특징은 주름과 광택이다.
- 인체의 반복된 동작에 의해 생긴 가죽의 주름은 그 형태를 지속적으로 유지한다.
- 가죽 특유의 광택감으로 인해 빛을 강하게 받은 면은 하얗게 표현된다.

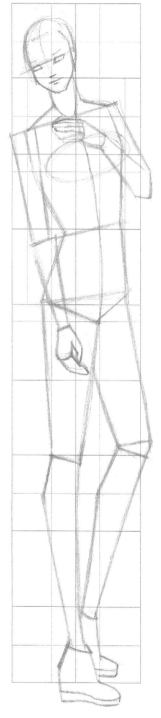

인체의 덩어리감 표현하기

착장 표현하기

1단계 채색

2단계 채색

완성

99

청바지(jean pants)

· 데님(denim)은 대각선 방향의 능선(twill)이 보이는 능직이다.

· 정통 데님은 진한 청색의 경사에 회색이나 표백하지 않은 위사로 짠 직물이다.

· 디자인에 따라 옆선에 이중 상침선이 생긴다.

· 주머니 모서리에 징을 박아 튼튼하게 한다.

· 구부려지는 부분(가랑이, 무릎 뒤 등)에 부드러운 주름이 생긴다.

인체의 덩어리감 표현하기   착장 표현하기

1단계 채색

완성

스노우진(Snow washed jeans) 팬츠

• 빈티지한 이미지를 살리기 위해 부분 워싱 처리나 헤진 효과를 준 디자인이다.
• 스노우진의 경우는 컬러링의 최종 마무리 단계에 구겨진 휴지에 흰 물감을 묻혀 그림에 찍어준다.

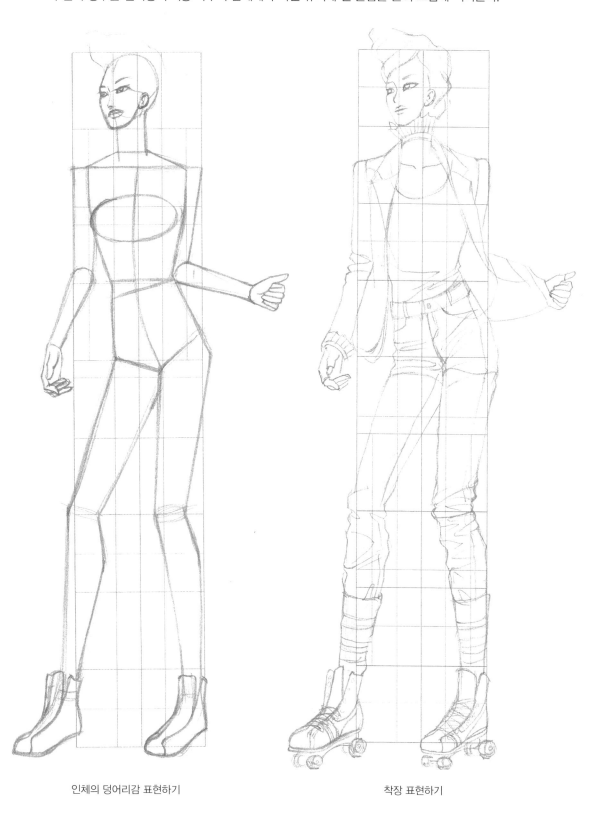

인체의 덩어리감 표현하기   착장 표현하기

1단계 채색

완성

퍼(fur) 코트

- 보온을 목적으로 입는 코트이므로 부피감을 고려하여 다른 아이템에 비하여 실루엣을 크게 그린다.
- 모피코트는 특히 부피감이 크다.
- 모피는 털이므로 한쪽 방향으로 자란다.
- 윤곽선은 두께감이 있는 특정한 모피 재질을 잘 살려야 한다.

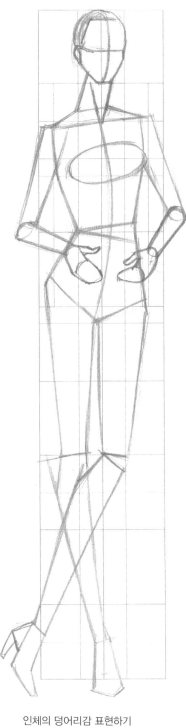

인체의 덩어리감 표현하기

착장 표현하기

1단계 채색

2단계 채색

완성

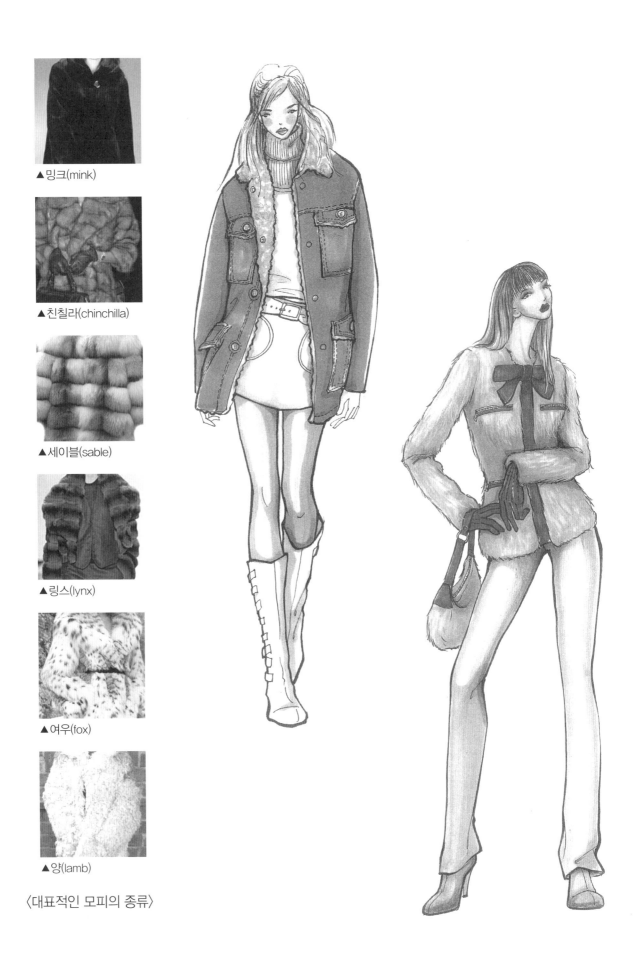

▲밍크(mink)

▲친칠라(chinchilla)

▲세이블(sable)

▲링스(lynx)

▲여우(fox)

▲양(lamb)

〈대표적인 모피의 종류〉

겨울용 코트

- 보온을 목적으로 입는 코트이므로 부피감을 고려하여 다른 아이템에 비하여 실루엣을 크게 그린다.
- 소맷부리와 단 등을 둥글게 그린다.

밍크 칼라 울 코트

패딩 조끼와 퍼 레그 워머

패딩(padding) 점퍼

- 보온을 목적으로 솜, 오리털, 거위털 등을 넣고 누벼주는데 여기에 공기가 함유되면서 부풀어 오른다.
- 각각의 박음선 별로 명암을 주어 입체감을 표현한다.
- 겉으로 누벼주는 상침선과 여기에 가볍게 생기는 주름을 표현한다.
- 외곽선은 직선이 아니라 누벼진 부분을 기준으로 스칼럽의 곡선이 반복되도록 표현한다.

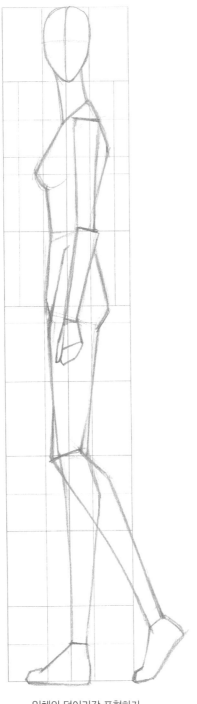

인체의 덩어리감 표현하기

착장 표현하기

2단계 채색

완성

109

씨쓰루(see-through) 원피스

- 비치는 소재는 인체의 피부 톤이 드러나 보인다. 주름이 생겨 겹쳐져 보이더라도 의복 안의 공간에 인체의 실루엣이 드러나기도 한다.
- 먼저 가볍게 피부색을 컬러링하고 시폰의 컬러를 중간 톤으로 선택하여 피부색 위에 겹쳐 칠한 후 색연필을 이용하여 마무리한다.

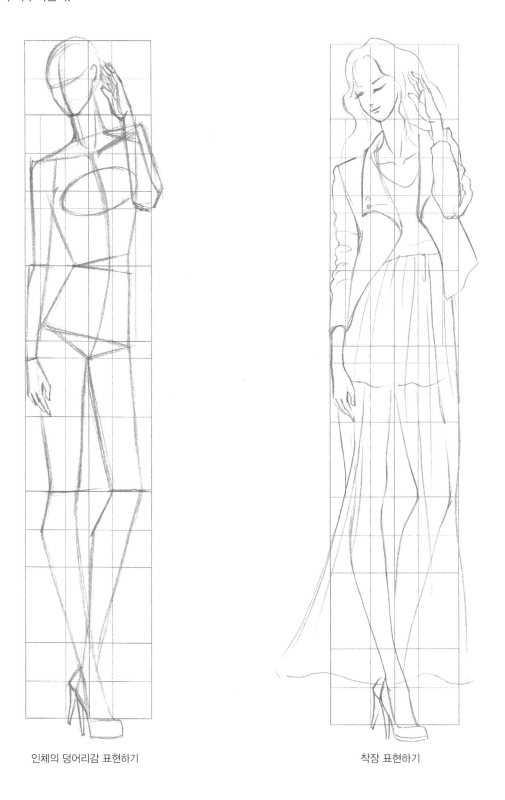

인체의 덩어리감 표현하기   착장 표현하기

2단계 채색

완성

111

시폰(chiffon) 원피스

• 시폰은 가볍고 부드러워 날리는 듯 한 소재감과 부드러운 주름을 표현해야 한다.

인체의 덩어리감 표현하기

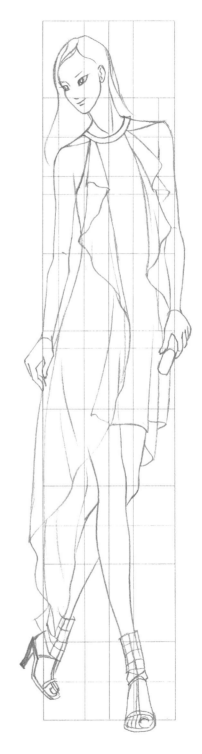

착장 표현하기

1단계 채색

완성

레이스(lace) 탑

- 레이스는 보통 비치는 바닥에 배치된 단색 패턴으로 되어있다.
- 피부가 비쳐 보이도록 먼저 피부를 옅은 색상으로 표현한다.
- 레이스의 컬러는 표현하고자 하는 색상의 중간 톤으로 피부 위에 겹쳐 칠한 후 레이스의 패턴을 색연필이나 펜을 이용하여 그린다.

인체의 덩어리감 표현하기   착장 표현하기

1단계 채색

2단계 채색

완성

헤링본(herringbone) 스커트 & 자카드(jacquard) 코트

• 헤링본은 능직(twill)으로 청어의 등뼈라는 의미이며 사선무늬를 이룬다.

• 헤링본 스트라이프(herringbone stripe)는 헤링본과 줄무늬가 조합된 무늬로 주로 클래식한 디자인에 활용된다.

• 헤링본은 바탕색을 먼저 칠하고 색연필이나 펜 등을 이용하여 팔자능을 표현한다.

• 자카드는 자카드 직기를 사용하여 매우 복잡한 문양을 표현한 직물을 말한다.

• 자카드는 바탕색을 먼저 칠하고 색연필이나 마커 등을 이용하여 무늬를 표현한다.

헤링본 투피스

헤링본 스트라이프 스커트

자카드 코트

니트(knit) 스웨터 & 레이스(lace) 장식 블라이스

- 니트 스웨터는 니트의 특징인 코줄임을 하여 소매와 몸판을 연결한 헤라시와 목둘레와 단에 사용된 고무단(rib) 조직감을 표현해준다.
- 바탕색을 먼저 칠한 후 레이스의 무늬를 펜을 이용하여 간략하게 그려준다.

니트 스웨터

니트 스웨터

레이스 장식 오버 블라우스

6.5 직물 무늬의 표현

- 텍스타일디자인을 위한 무늬의 표현이 아니므로 완벽한 비례와 구성이 필요한 것은 아니다.
- 보는 사람이 충분히 이해할 수 있을 정도로만 의복에 그려주면 된다.

스트라이프(stripe) 스커트

수직의 줄무늬
- 가장 의복의 앞 중심에 가깝고 옷 전체에 뻗어 있는 선 하나를 정한다.
- 그 선을 기준으로 일정한 간격을 유지하며 그림을 그린다.

수평의 줄무늬
- 인체의 움직임에 따라 굴곡있는 곡선으로 표현한다.
- 먼저 바탕의 밝은 색상의 음영을 밝은 회색으로 표현한다.
- 다음으로 짙은 색상의 줄무늬를 표현한다.

인체의 덩어리감 표현하기

착장 표현하기

1단계 채색

2단계 채색

완성

119

깅엄(gingham) 셔츠

- 염색한 실과 표백한 실을 날실과 씨실로 사용하여 짠 면직물로 격자무늬를 형성한다.
- 가로의 줄무늬와 세로의 줄무늬가 서로 교차되도록 그린다.
- 가로, 세로의 직선이지만 인체의 움직임, 옷감의 굴곡에 따라 곡선을 사용한다.

▲ 깅엄(gingham) 체크

▲ 타탄(tartan) 체크

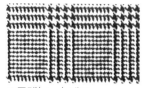

▲ 글렌(glen) 체크

▲ 하운즈투스
(hound's-tooth) 체크

▲ 아가일(argyle) 체크

▲ 마드라스(Madras) 체크

〈체크의 종류〉

인체의 덩어리 표현하기

착장 표현하기

1단계 채색

완성

121

체크(check) 스커트

• 서로 다른 선염사를 사용하여 격자무늬를 만드는데 플래드(plaid)라고도 한다.
• 가로, 세로의 직선이지만 인체의 움직임, 옷감의 굴곡에 따라 곡선을 사용한다.

인체의 덩어리감 표현하기

착장 표현하기

1단계 채색

완성

격자무늬 스커트

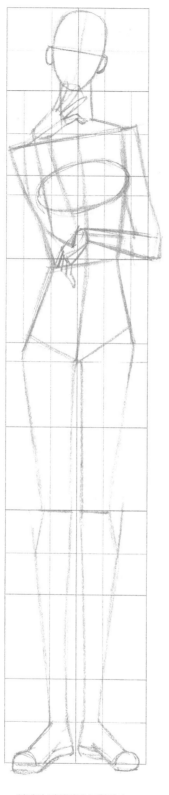

인체의 덩어리감 표현하기

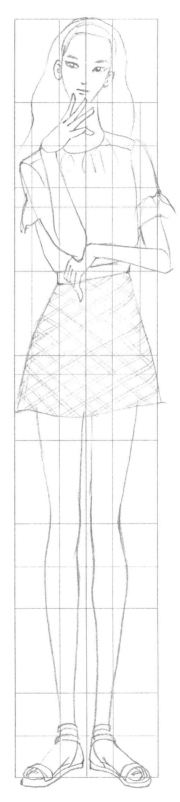

착장표현하기

1단계 채색

2단계 채색

완성

꽃무늬 원피스

- 텍스타일디자인을 위한 무늬의 표현이 아니므로 완벽하게 그릴 필요는 없다.
- 밝은 컬러의 무늬를 먼저 그리고 짙은 바탕 컬러를 나중에 그린다.

인체의 덩어리감 표현하기   착장표현하기

1단계 채색

2단계 채색

완성

127

사실적 무늬

추상적 무늬

호피무늬(leopard) 코트

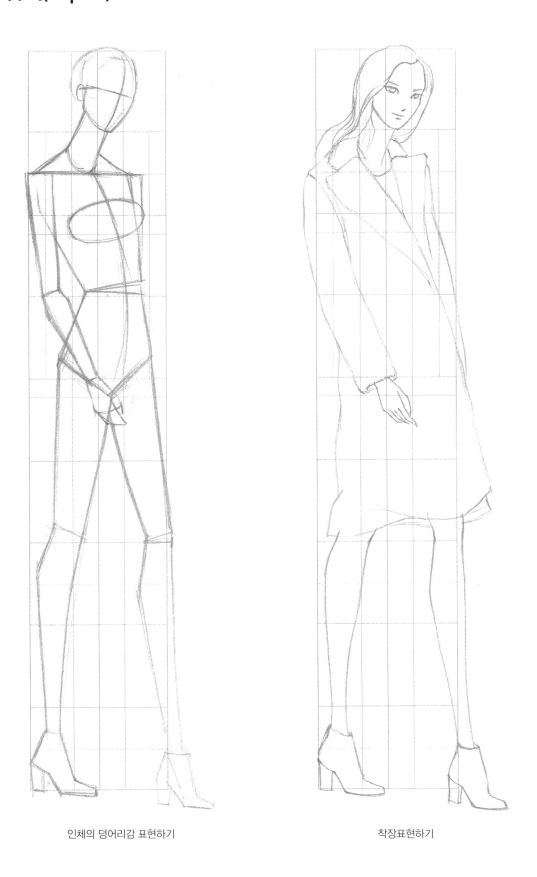

인체의 덩어리감 표현하기   착장표현하기

1단계 채색

2단계 채색

완성

131

김 혜 수
현 배화여자대학교 패션산업과 교수

학력
연세대학교 대학원 의류환경학과 의상디자인전공 이학박사
이화여자대학교 디자인대학원 의상디자인전공 미술학석사
연세대학교 가정대학 의생활학과 이학사

주요 경력
제9회 대한민국 섬유패션디자인 경진대회 특별상 수상 (한국섬유산업연합회)
제23회 중앙 의상디자인 콘테스트 동상 수상 (중앙일보사)
패션디자인 & 패션일러스트레이션 개인전 2회 및 그룹전 다수 참가
(주)에이픽디자인 기획이사
한국산업인력관리공단 컬러리스트 직종 전문위원
연세대학교 생활과학연구소 전문연구원
삼성패션연구소 트렌드 북 패션일러스트레이터

Creative FASHION
Illustration
크리에이티브 패션 일러스트레이션

1판 1쇄 인쇄 2016년 8월 30일
1판 2쇄 발행 2019년 2월 28일

저자 김혜수

펴낸곳 꿈틀
펴낸이 이정아
디자인 예손
출판등록 제 313-2005-000053호
주소 경기도 파주시 문발로 405(신촌동)
전화 070)7718-3381
팩스 0505)115-3380
e-mail coky0221@daum.net

ISBN 978-89-93709-27-8 93590
값 17,000원